ちくま新書

中学生にもわかる化学史

左巻健男
Samaki Takeo

1389

中学生にもわかる化学史【目次】

イラストレーション：谷野まこと

はじめに――読者のみなさんへ

ぼくがこの本を書いたのにはわけがあります。

化学の歴史はおもしろい！　ズバリこのことを読者のみなさんにわかってもらいたかったからです。

そのため、化学式は必要最小限に出すことにしました。学校時代の理科が苦手だった人にもたのしく読んで貰えるようにとやさしくわかりやすくを心がけました。

化学の歴史は、人類が火を利用し始めたときから本格的に始まっています。そして、化学は、さまざまな物質がどんな性質を持ち、何からできているか、自然界にある物質もない物質もどうしたら合成できるか、などを探究してきました。

化学は、一言で言うと、物質についての自然科学の一部門です。

とくに物質の「構造」と「性質」、および「化学反応」の3つを研究しています。この3つが化学の研究対象で、それぞれが関係し合っています。まず構造と性質を探究し、その研究結果を元に新しい物質をつくり出します。

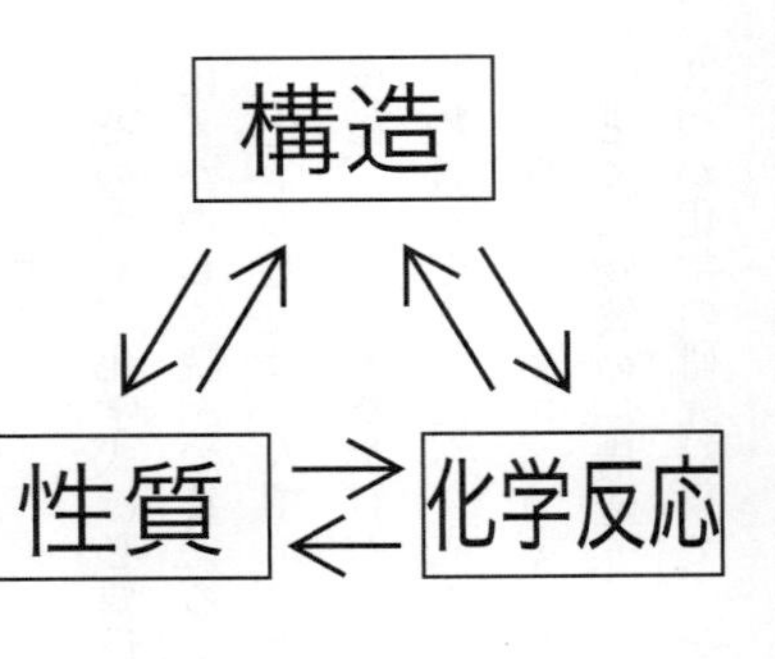

私たちは、化学の研究や化学工業によって得られた多種多様な物質を生活に利用しています。金属、セラミックス、ナイロンのような合成繊維、ポリエチレンのようなプラスチック類などさまざまな物質が私たちの生活をゆたかに便利にしてくれています。

私たちがこのような物質を創り出す高度の技術を持てるようになったのは、物質の性質や構造、反応を研究する化学が発展してきたからに他なりません。

現在では、化学研究の成果を生かして、高性能な電池、非常に強い繊維、ファインセラミックスなど新しい物質や製品が次々と創り出されて、私たちの生活をよりゆたかなものにしています。

もちろん、一方では、化学の発展によって新しい物質がどんどんつくられていますが、その物質の大半は人体への毒性や環境に対する影響のデータが不十分な可能性があります。

したがって、化学の発展でつくられてきた多種多様な物質の有用性だけに目を奪われると、取り返しのつかない環境汚染や公害を引き起こすことになりかねませんから十分な注意が必要です。

私は、小学校・中学校・高校初級の理科教育を専門にしています。中学校・高等学校の理科教師を長く務めてきました。教員のとき、中学校理科では物理・化学・生物・地学と全般を、高校では主に化学を教えていました。理科教師をしているときのモットーが、「家族の食事のときにその日の授業の話題で盛り上がるような授業をしよう」でした。理科の授業を通して、知って得をした、知って感動をした、知って心がゆたかになった、考えてわくわくした……というような気持ちを持てるといいなと思っていました。

そんな理科教師としての私のバックにあったのは、科学の歴史への興味です。私は、とくに、化学の歴史に興味を持っていました。物質の世界の謎に対して知的好奇心をいっぱいにしてそれを解こうとしてきた科学者・化学者たちの姿に魅せられたのです。理科教育者・化学教育者の書いた化学史の本があってもいいと思いました。

ぜひ化学の歴史の大きな流れを一緒にたのしんでもらえたらと思います。

２０１８年12月　　左巻　健男

第一章 人類は火の利用から土器の焼成、金属の利用へ進んだ

古来より、ヒトは、化学反応のなかでもっとも重要な燃焼、つまり火を利用するようになりました。燃焼の化学を身につけたおかげで、土器や金属づくりをするようになりました。

これらは、ヒトが元素の考えや化学変化についての認識を持ち始める土台になった経験といえるでしょう。化学は人類の文化と同じくらいの長い歴史を持っているといえるでしょう。

†火を操る動物、ヒト

ものが燃えること、すなわち燃焼は人類が知った一番古く、またもっとも重要な化学変化でしょう。

おそらく人類は、火山の噴火あるいは落雷によって山の木が燃えだしたといったような自然の火災から、燃焼という現象を発見したのだろうと推測されます。その後、人類は木と木の摩擦、石と石とをたたきつけることによって火をつくりだす方法などを発見しました。

火を知った人類は、あかり、暖房、調理、猛獣からの防御に火を利用してきました。

では、人類が火を利用し始めたのはいつごろのことでしょうか。

まず大きく人類進化の時代を見ていきましょう。

初期猿人、猿人、原人、旧人、新人という用語を並べて見ると、たとえば旧人から新人が進化してきたと誤解されかねません。実際には、人類の進化の道筋は直線的で段階的なものではなく、多くの種類に枝分かれした人類が栄枯盛衰をくり返し、絶滅に至ってしまう道もいくつかある複雑なものです。そこで、これらの用語は国際的には使われていません。しかし、それでもこうした用語で進化のグレード（等級、程度）を表すのは便利なので、わが国では使われています。

それぞれのイラストは、進化段階、典型的な種の学名、生息場所、年代を入れてあります。参考にした原図の作成者は、国立科学博物館の馬場悠男さんです。

〔約７００万年前〜初期猿人の時代〕

アフリカでチンパンジーとの共通祖先から分かれた初期猿人が、森林で直立二足歩行を開始した。犬歯は退化。

〔約４００万年前〜猿人の時代〕

猿人は森林から草原にも出ていくようになる。安定した直立二足歩行が可能になった。猿人の一部は脳が５００ミリリットルより大きくなるなどの進化をとげ、ホモ属というグループになった。

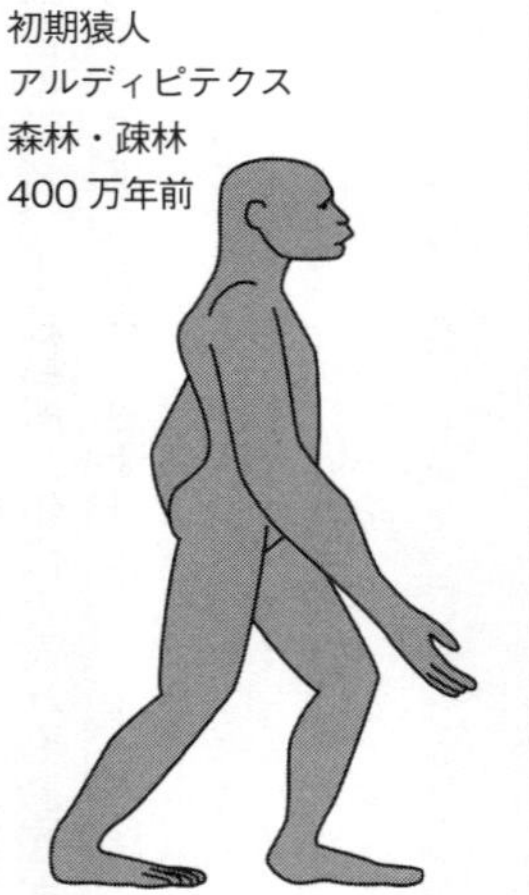

初期猿人
アルディピテクス
森林・疎林
400 万年前

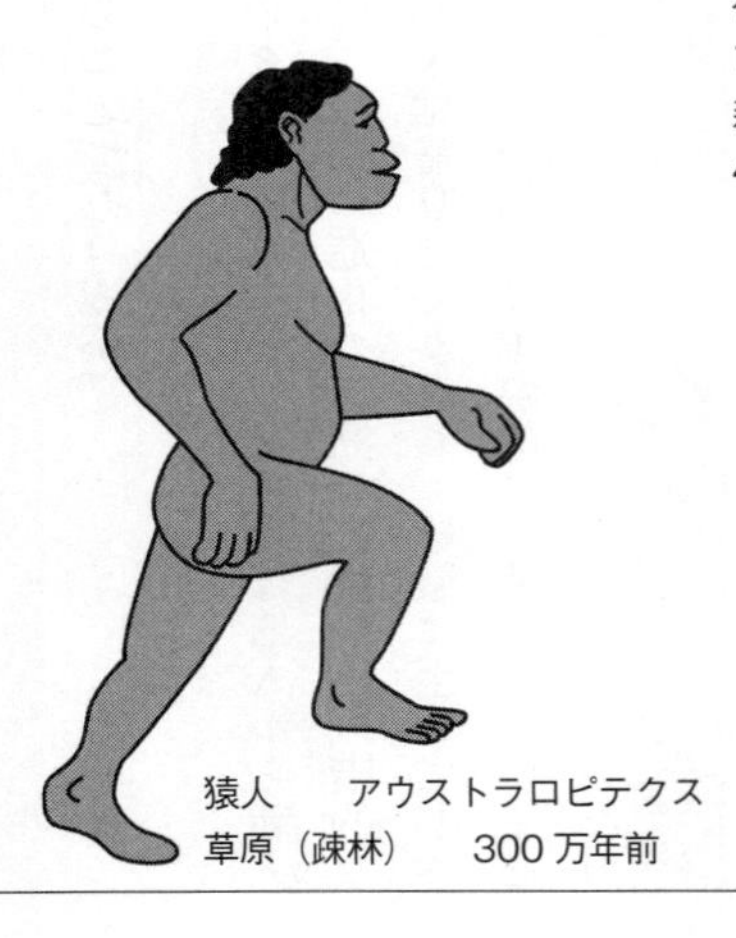

猿人　アウストラロピテクス
草原（疎林）　300 万年前

〔約２００万年前〜原人の時代〕

アフリカで原人が誕生。脳が拡大し、知能が発達し始める。本格的に道具を作製するようになり、初めは死肉あさりだったが後に積極的に狩りを行うようになった。

〔約60万年前〜旧人の時代〕

アフリカで旧人が誕生。手・脳・道具の相互作用が進み、さらに脳が大きくなった。中・大型動物の狩猟が発達した。

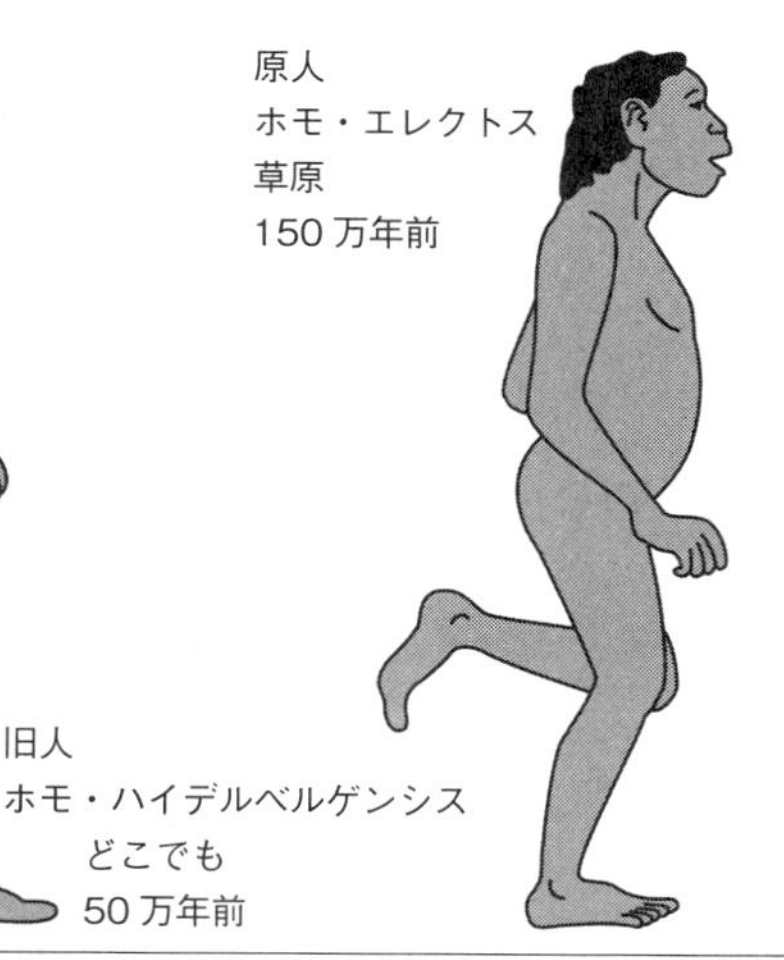

〔約20万年前〜新人の時代（現在まで）〕
アフリカでホモ・サピエンスが誕生。

〔約6万年前〜〕
アフリカからホモ・サピエンス（一部混血）が世界中に拡散した。

〔約1万年前〜〕
農耕と牧畜を開始する。

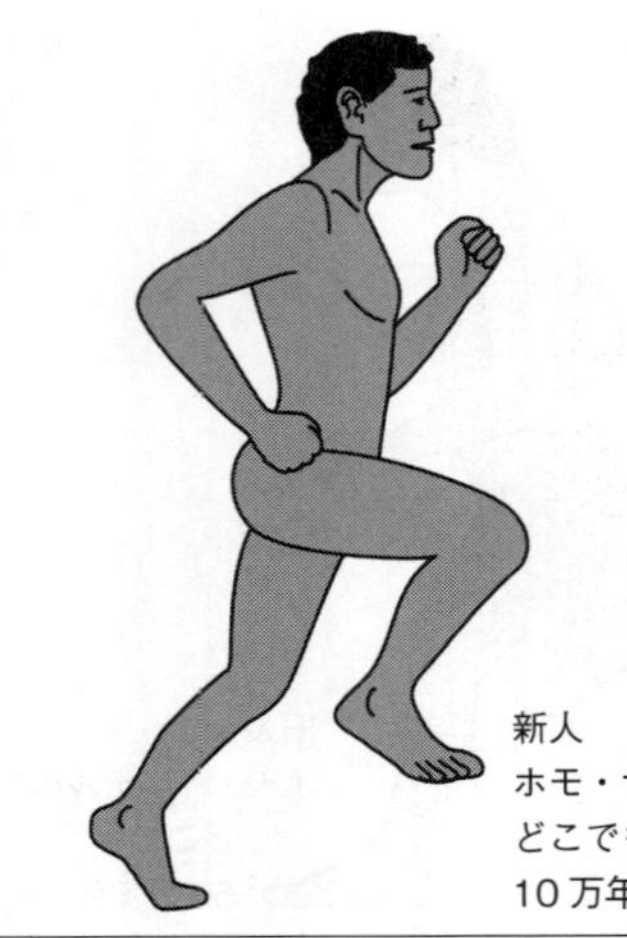

もっと古くまでさかのぼる研究では、ケニアや南アフリカにある約150万年前の遺跡から焼けた痕跡が見つかっています。ただし、この火が落雷や火山噴火などで人類が焼い

たとは限らないという見方をする研究者がいます。

従来、火の使用は北京原人（ホモ・エレクトスに分類される）からといわれてきました。北京郊外の周口店洞窟で北京原人の骨と共に大量の灰の層が発見されたからです。しかし調べ直したところ、灰と思われた層は、コウモリの糞の堆積層ではないかという意見が出てきたのです。

現在、ヒトによる火の使用がほぼ確かだと思われるのは、約79万年前のイスラエルの遺跡です。ここでは焼けた石器の多くが2か所に集中していました。おそらく当時の人類がそこでたき火をしていたのでしょう。

火を使用した明確な証拠がたくさんあるのは、旧人のネアンデルタール人の時代からです。しかし、ネアンデルタール人がどのように火を起こしたかはわかっていません。

ヒトは、まず好奇心を持って火遊びしたりして火に接近することをくり返すなかで、火の有効性を知り、火の一時的な利用の段階から、火をたえず利用できる技術を得ていったことでしょう。

とくに炉を発明することで火をいつでも利用できるようになりました。

火を囲んだ食事と団らんによって、お互いのコミュニケーションが密になったことでし

想像図。原始少年たちの火遊び。燃えた枝をふいに仲間の鼻先につき出したので、みながびっくりして逃げごしになっている

想像図。恐ろしい肉食獣をみなで協力して火を使って追い払おうとしている（岩城正夫『原始時代の火　復原しながら推理する』新生出版を参考に作図）

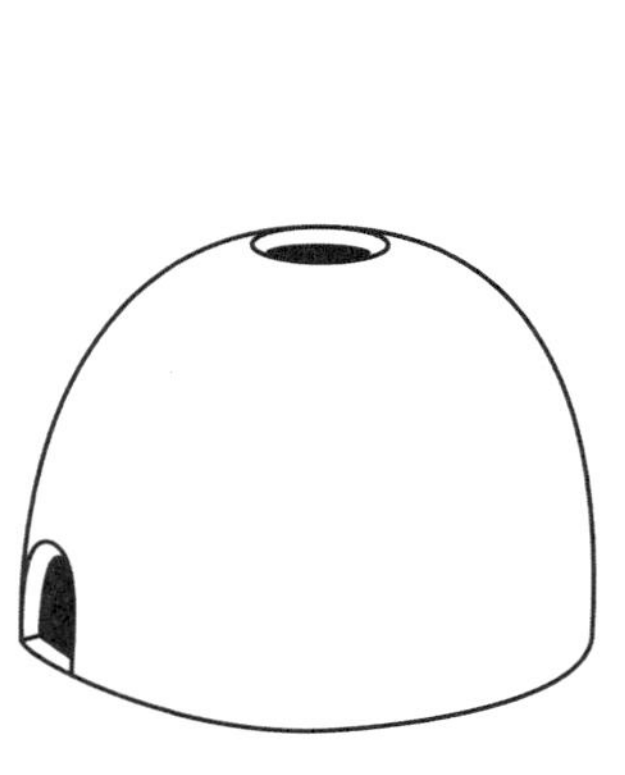
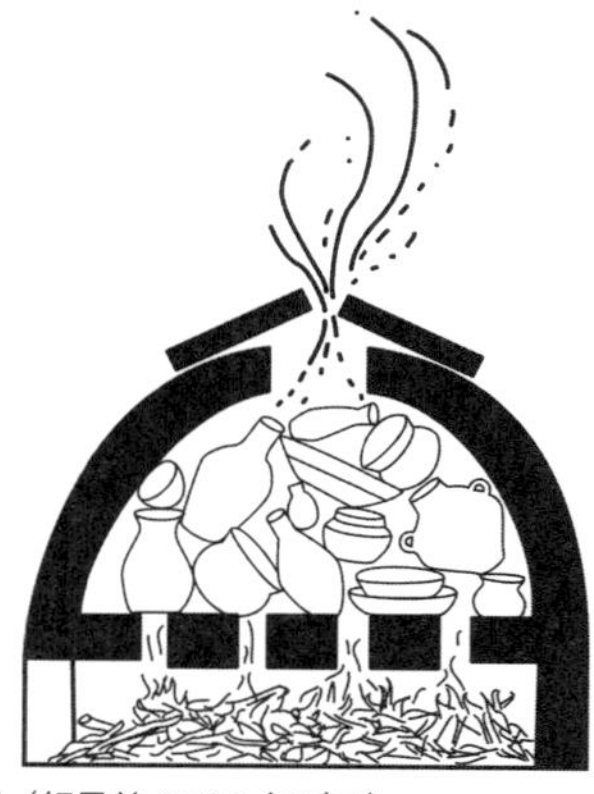

メソポタミアの窯の復元図（紀元前 3500 年ごろ）

ょう。

†窯の発明

さらに進んで私たち新人の時代になると、火によって粘土が硬くなることを知り、火は土器の焼成に利用されるようになりました。土器によって、食物の調理や貯蔵の技術が改善され、食物の範囲を一層拡大しました。

初期の土器は野焼き（露天火）で焼かれました。焼成温度は600〜900度です。なお、1万年以上前までさかのぼるといわれる縄文土器は、新井司郎さんの実験研究で800〜950度という結果が得られています。

土や石などでまわりを囲んで、火と焼き物を切り離すことができる窯(かま)が発明されると、焼成温度がずっと上がります。

西アジアで現在知られる最も古い窯は、イラクのヤリム・テペで紀元前6000年にさかのぼります。紀元前5000〜4000年にはイランのスーサやシアルク、イラクのテペ・ガウラやテル・サラサートのものが知られています。この時代には、鮮やかな紺青色のエジプト・ファイアンスが製造されました。これをつくるには密閉された容器内で950度の加熱が必要です。

紀元前700年ごろには土器の製造にロクロ（回転円盤）が使われるようになり、連続的に回転することができるようになりました。

†金属の利用

19世紀に活躍したデンマークの考古学者クリスチャン・トムセンは、人類の文明史を「石器時代」「青銅器時代」「鉄器時代」に大別しましたが、この時代区分はこんにちでも用いられています。

古代社会で最初に用いられたのは、自然状態で金属のままでも産出した金と銅です。クレタ島のクノッソス宮殿では紀元前3000年ごろに銅が使われていましたし、紀元前

2500年ごろのエジプトのメンフィス神殿では銅の水道管が使われています。
やがて人類は鉱石を木炭などと混ぜ合わせて加熱することによって、金属を得る技術を獲得しました。これは、生産技術への本格的な化学反応の応用でした。

地球上のほとんどの金属が、酸素や硫黄などとの化合物の鉱石として存在しています。鉱石から金属を取り出したり、取り出した金属を精製したり、合金をつくったりすることを冶金（やきん）といいます。

人間が最初に道具をつくるために使用した金属は、金属の形で産出した金・銀・銅でした。自然金・自然銀・自然銅という自然界にある金属のかたまりをたたいて変形させて道具などをつくったことでしょう。

さらに、冶金で鉱石から金属を取り出すようになりました。たとえば、銅は自然銅でも存在しますが、ふつうは銅の鉱石から取り出します。銅の鉱石は銅が酸素や硫黄と結びついています。鉱石から酸素や硫黄を取り除かないと金属の銅は得られません。鉱石中の酸素や硫黄などと銅の結びつきは強くないので、酸素や硫黄などと強く結びつく物質と鉱石を一緒に加熱すると、銅を得ることができます。

初めは銅の鉱石とたきぎ（燃料にする細い枝や割木）を交互に重ねて火をつけて反応させ

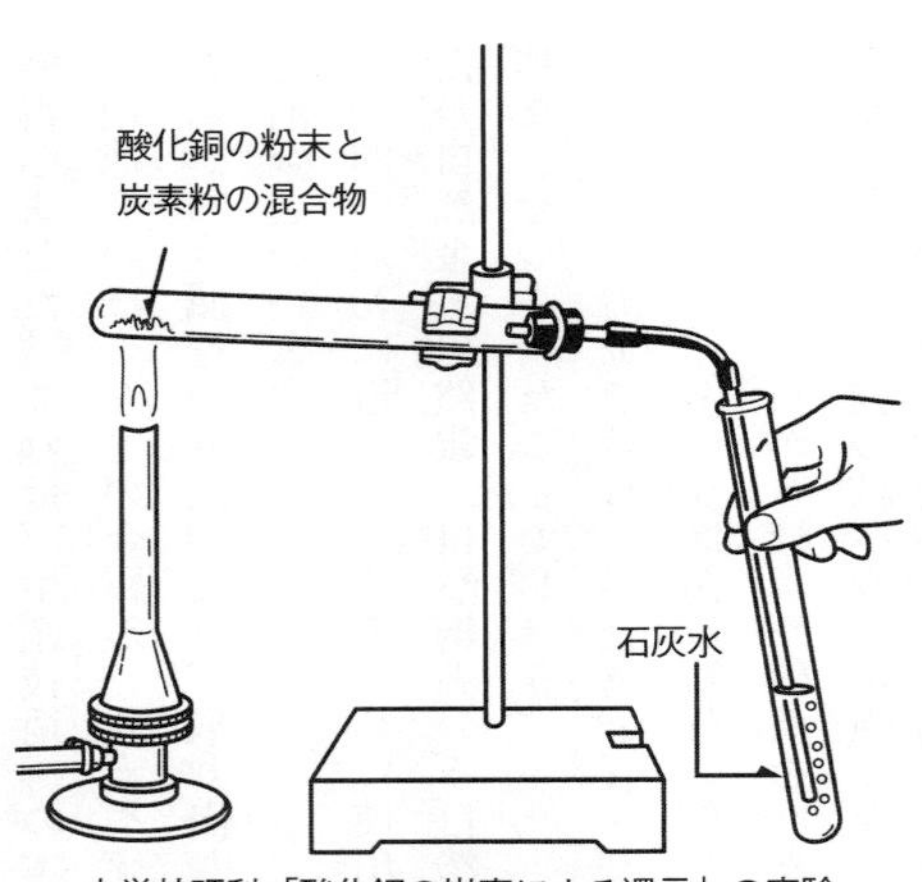

中学校理科「酸化銅の炭素による還元」の実験

たことでしょう。やがてたきぎの代わりに木炭を使うようになり、さらに石を積んだ炉の中で反応させるようになりました。

なお、この反応は、中学校理科「酸化銅の炭素による還元」で学びます。銅と酸素よりも酸素と炭素のほうが結びつきが強いので、酸化銅中の酸素と炭素が結びついて銅だけになります。

得られた銅のかたまりを集めて、土器のつぼ（ルツボ）に入れて、別の炉でふいごで風を送ってルツボを加熱すると、銅は融けて液体になりました。それを鋳型に流し込んでさませば鋳型の形になりました。

青銅器時代の青銅とは、銅とスズの合金です。銅の鉱石とスズの鉱石を混ぜて、銅を得たのと同じ方法で、青銅をつくりました。銅の融点（固体が融けて液体になる温度）は1085度ですが、青銅は900度よりも低い温度で融けますから、野天火であっても融かすことができます。

銅だけだとやわらかいのに、スズと合金にすると、スズが含まれる割合によって硬さを調節できました。銅より硬くて丈夫にできますので、農業用のくわ、すき、武器としての刀ややりなどにしました。古代エジプトでは紀元前2000年ごろから青銅が本格的に用いられるようになりました。

鉄は、最初、金属の鉄からできた隕鉄（地球に飛来した隕石のなかまの鉄隕石）を利用しました。しかし、隕鉄は探しあてて、拾い集めるしかありませんが、見つけられるのは非常に小さな確率でした。

鉄と酸素などとの結びつきは銅と酸素などと比べるとずっと強く、簡単に鉄の鉱石から鉄を得るのは難しかったのです。

やがて人類は木炭を使って鉄を鉱石から精錬する技術を手に入れました。鉄と炭素が合わさった鋼（はがね）は、青銅よりも硬くて強く、農業用の道具、武器や建築の材料になりました。

歴史的にもっともはやく鉄を本格的に生産するようになったのは、紀元前17世紀ごろから前12世紀にかけてアナトリア（トルコのアジア部分）に強大な帝国を築いたヒッタイト帝国においてであったと考えられています。

小アジア地方に興ったヒッタイト帝国は、鉄と軽戦車を駆使し、その武器の威力によって当時の先進文明国家を滅ぼし、強大化しました。

ヒッタイトは鉄の製法を厳重に秘密にしていましたが、紀元前1190年ごろに海の民の襲撃で滅ぼされると、その秘密は周辺の民族に伝わり、さらに各地に伝わっていきました。

第二章

二千数百年前、古代ギリシアの哲学者は考えた

紀元前7～6世紀、エーゲ海東海岸イオニア地方のギリシア植民都市ミレトスなどに、初めて「すべてのものは何からできているか」を理論的に考える人々（哲学者）が現れました。そのなかでも、とくにタレス、デモクリトス、アリストテレスの3人の主張に耳を傾けることにしましょう。

タレスの生まれた紀元前624年ごろから、一番後のアリストテレスがなくなった紀元前322年までに、約300年のへだたりがあります。つまり、この数百年の間にギリシア文明が花開いたのです。

ヨーロッパ文明の始祖といわれる彼らは何を主張したのでしょうか。

†古代ギリシアに哲学者登場

タレス（紀元前624ごろ～前546ごろ）、デモクリトス（紀元前460ごろ～前370ごろ）、アリストテレス（紀元前384～前322）が生まれたのは、イオニア地方の植民都市でした。タレスはミレトス、デモクリトスはアブデラ、アリストテレスはスタゲイロスでした。

古代の植民都市とは、母体となる都市が領土を周辺に拡大するという形態ではなく、ま

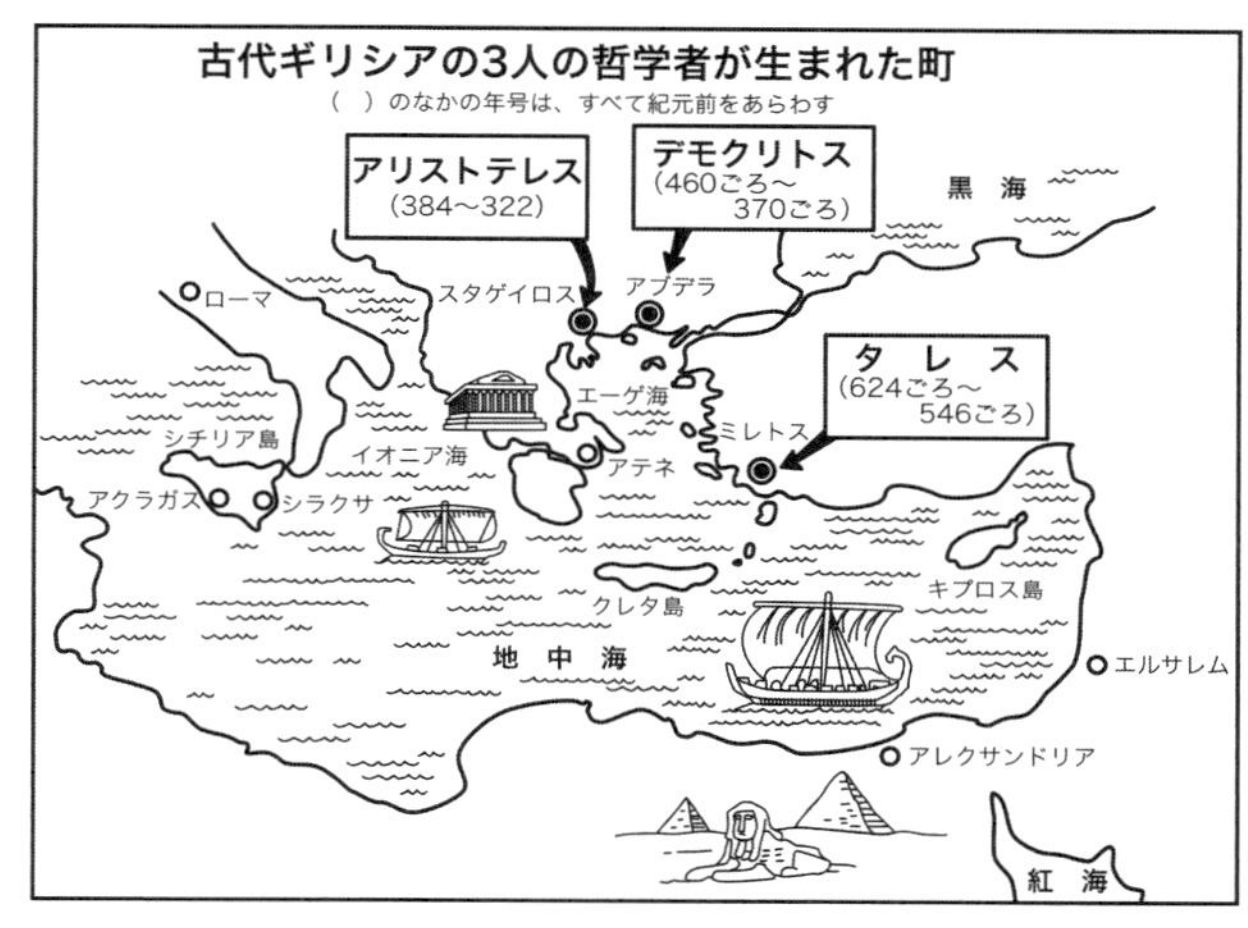

ったく異なる場所に新たな都市国家をつくったものです。

イオニア地方はエーゲ海に面し、また黒海方面へのルート上にあって各植民都市は商業が発達していました。紀元前11世紀には農業で鉄器が使われるようになり、生産力が上がっていました。紀元前7世紀には貨幣の採用で、それらの富が商工階級に蓄積し、もはや貴族・神殿などあてにしないで物事を考える余裕が出てきました。タレスも商工階級の出身者でした。

当時は、きっと現在の商工業者や会社員のような忙しさはなく、たっぷりとした時間があったでしょう。拘束されることがない自由な時間があるとしたら、好きなこと、楽しいことをやろうと思うことでしょう。

古代ギリシアの彼らにとって、好きなこと、楽しいこととは何だったでしょうか。

それはギリシア語で「フィロソフィア」だったのです。この言葉はヨーロッパに伝わり英語ではフィロソフィーとなりました。日本では明治時代に「哲学」という日本語になりました。

フィロソフィアとは、「知識を愛する」という意味で、自然や社会についての真理を探究することです。

たとえば、夜空で、ある星の動きを観察していたら、ほとんどの星の動きとは反対に動く星を見つけたとしましょう。何日か観察してその動きが間違いないと思ったら、誰かに話したくなります。そうすると、まわりの人らと知的な議論が始まります。それこそが楽しいことだったのです。そんな楽しみを見つけた人たちが哲学者です。

だからタレス、デモクリトス、アリストテレスらは哲学者であり、自然についての探究者としては自然哲学者なのです。

実はスクールという言葉は、スコレというギリシア語が語源です。意味は「暇。余った時間」です。暇ななかで楽しいことはフィロソフィアで、その会話をする時間や場所もスコレにふくまれるようになりました。つまり、学校とは、知識を楽しむ（フィロソフィアな）場所のはずなのです。

古代ギリシアの自然哲学者らは、天体の位置を精密にはかることができた者がいたし、幾何学の知識を利用して、土地の測量をすることができた者もいました。しかし、未だ「実験」という科学の方法を鍛え上げていませんでした。その代わり、自然や自然界で起こる変化を注意深く観察しました。そして、「すべてのもの、つまり自然は何からできているか」を考え続けたのです。

†「すべてのものは水からできている」というタレスの主張

「すべてのものは何からできているか」という根源的な問いに、最初に答えたのはタレスです。タレスは、ミレトスの大貿易商人でした。地中海を船で旅したり、交易をしたり、オリーブ油をエジプトに売りに出かけたりしました。広い世界を歩いて、彼は「すべてのものは何からできているか？」という大問題と取り組んだのでした。

タレスは、次のような疑問を持ちました。

「世界には、数えきれないくらい、さまざまなものがある。みんな物質からできている。

そして、物質は驚くほどさまざまな変わり方をする。もっとも根本的なことは、物質が変化するということだ。絶えず変化しているのに、物質は無から生まれることはないし、あるものが、なくなってしまうことはない。つまり物質は不生・不滅である。数限りない物質が、絶えず変化しているのに、物質全体としては不生・不滅なのはどうしてか」

タレスは「すべての物質がただひとつの〝もと〟からできているからに違いない」と考えました。彼が目をつけたのは水です。

「水は冷えると氷になり、温めると元に戻る。温められた水は、目に見えない水蒸気に変わり、冷えると目に見える湯気になり、水滴をつくる。川や海や地面の水は、水蒸気になって空にのぼり、雲になる。雲からは雨や雪が降る。水の変わり方はさまざまで、どんなに変化しても消えてなくならない。金属の変わり方も、生物の体の変わり方も、水の変わり方と同じところがある。

姿や形は変化しても、それらのものが、消えてなくならないのは、すべてのものが何か〝もと〟のようなものからできているからだろう。金属や生物の体を形づくる〝もと〟も、みな同じではないだろうか。そこで、すべてのものを形づくる〝もと〟に〝水〟と名づけよう」

その〝水〟は、私たちが飲んだり、体を洗ったりする、そこらへんにある水ではありません。休むことなく変化し、姿を変えて他の物質を生み出し、やがて再び初めの姿に戻っていくような、万物の〝もと〟になるようなものは、〝水〟と名づけるのが一番ふさわしいと考えたのです。

タレスの〝水〟がきっかけになって、たくさんの学者が、何が万物の〝もと（元素）〟だろうかと議論を重ねました。ある人は〝もと（元素）〟を「空気」として、その圧縮と希薄によって、それぞれ水と土、火ができ、それで自然界をつくりあげると考えました。またある人は〝もと（元素）〟を〝火〟として、「燃え上がり、消え、いつでも活動する火」を自然界になぞらえました。

†タレス説を確かめたファン・ヘルモントの実験

かなり時代を飛ばして、少し横道に入ります。タレスは紀元前600年前後の人ですが、その後「すべてのものは水が主成分だ」ということを、重さをきちんとはかる方法で示した学者が今のベルギーに現れました。その学者は、16世紀末から17世紀にかけての人で、哲学・化学・薬学にくわしいファン・ヘルモント（1579〜1644）です。

当時「植物は根から土の中のいろいろな養分を吸収して生長していく。だから植物の口は根である」というアリストテレスの説が信じられていました。これに対し、ファン・ヘルモントは、植物に水だけをやって、大きく育ててみれば、アリストテレスの説の真偽を確かめることができると考えました。

ファン・ヘルモント

ファン・ヘルモントは、大きな植木鉢によく乾かした土を90キログラムはかって入れました。そこに重さ2・3キログラムのヤナギを植えました。植木鉢には雨水だけがかかるようにしました。雨が降らないときは蒸留水をかけました。こうして5年間、水だけで育てたのです。

ヤナギは76・7キログラムになっていました。また土の重さは5年前と比べて57グラムだけ減っていました。植物の体をつくっている物質が土から吸収されるのなら、そのぶんだけ土の重さが減るはずです。ファン・ヘルモントは、「ヤナギで重さが増えたぶんは、すべて水によってもたらされたものである」と判断しました。葉、幹、樹皮、根は全部水からできている、水が変化したものだと考えたのです。これは彼が実験したときより

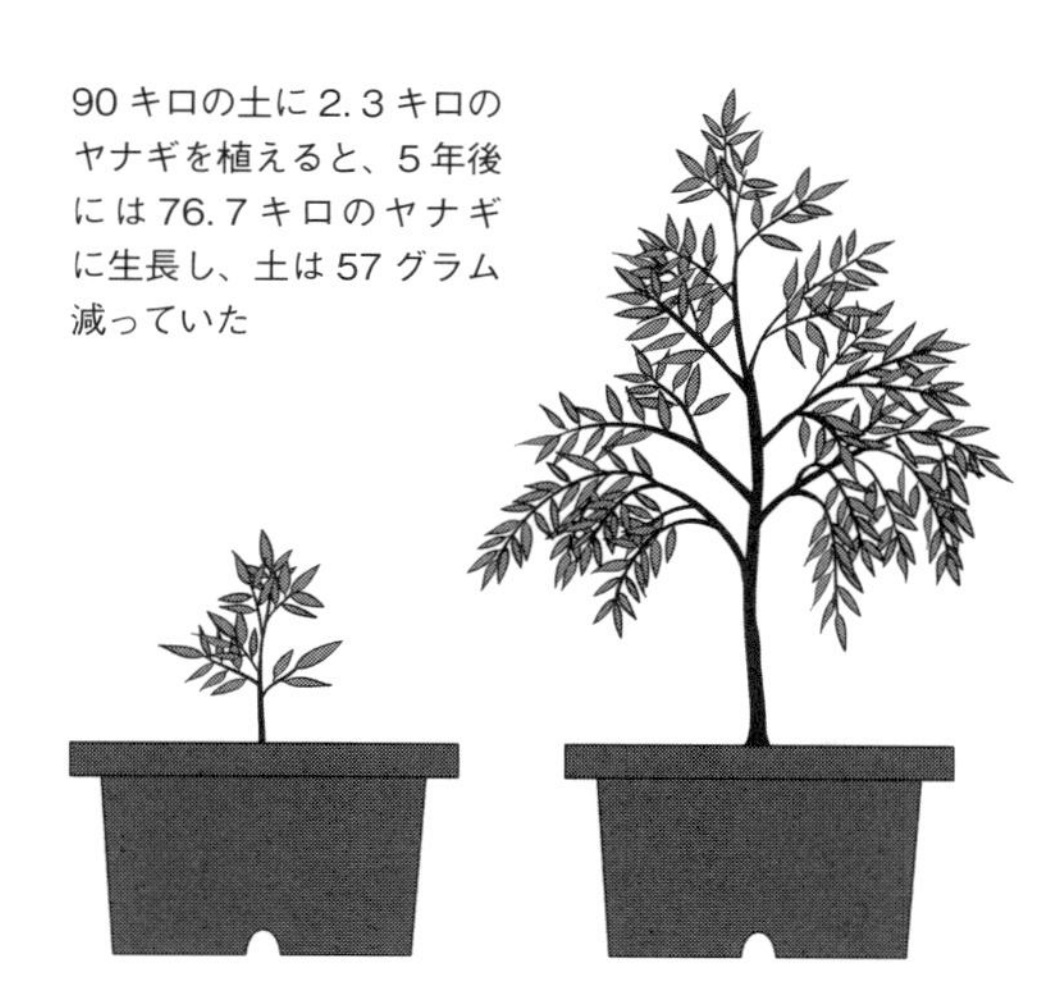
90キロの土に2.3キロのヤナギを植えると、5年後には76.7キロのヤナギに生長し、土は57グラム減っていた

2000年以上も前のタレスの主張と同じです。

ヤナギの成長ぶんは、どうやって増えたのでしょうか。現代の科学者は、この問いに、次のように答えます。

植物の葉に光があたると、葉の中にある葉緑体が、葉の気孔から吸収した二酸化炭素と、根から吸収した水を原料にして、炭水化物をつくります。これを光合成といいます。根から吸収する水以外の窒素化合物、リン化合物、カリウム化合物などのミネラルぶんを1とすると光合成でつくっている栄養分は1000以上という量になります。

ファン・ヘルモントの時代は光合成のしくみがわかっていなかったので、間違った判断をしてしまったわけですが、重さをしっかりとはかって変化を追究する態度は科学的です。

†「火、空気、水、土」の四元素からできている

また古代ギリシアの時代に戻ります。タレスのように、万物の〝もと（元素）〟をたったひとつと限定するのは無理があると考える者も現れました。シチリア島のエンペドクレスです。

彼は、万物の〝もと（元素）〟を、とりあえず水、空気、火、土の4つに設定し、「画家が絵具を混ぜるように、四元素の混合によって自然のすべてのものがつくられる」と述べました。水、空気、火、土のひとつひとつが、タレスが考えたように「不生・不滅」で、休むことなく姿を変え、いつかはもとに戻る元素なのです。

†原子論者デモクリトス「アトムと空虚からできている」

そんな時代に一人の知の巨人があらわれました。デモクリトスです。彼は73冊の本を書いたといわれていますが、今は一冊も残っていません。原子論は「神様などいるはずがない」という無神論を主張するもとになるので、宗教を大事にする支配者や民衆から疎まれ

て、燃やされたり捨てられたりしてしまったのでしょう。今、私たちがデモクリトスのことを知ることができるのは皮肉にも、主に原子論に反対した哲学者たちが、彼の考えを自分の本に書き残していたからです。

彼は万物をつくる〝もと〟は、無数の粒になっていて、一粒一粒は壊れることがないと考えました。それを壊してもっと小さな粒にはすることができない一粒一粒を、ギリシア語の「壊れない物」から「アトム」（原子）とよぶことにしました。

彼は、もう一つ、大切なことに気づいています。それは「空っぽの空間」（空虚）、現代の科学の言葉でいえば「真空」です。原子が、位置を占めたり、動きまわるためには、そのための「空っぽの空間」がなくてはならないと考えたのです。

彼が頭に思い浮かべたのは「無数の原子が、原子以外はない空っぽの空間の中で激しく絶え間なく動きまわり、ぶつかり合っては渦をつくり、ある原子は、別のいくつかの原子とくっつき合って、ひとつのかたまりになり、そのかたまりが、いつしか壊れて、もとのばらばらの原子に戻る」という世界です。「原子の並び方や組み合わせを変えれば、違う種類の物質をつくることもできる、万物は原子が組み合わされることでつくられている、〝火、空気、水、土〟も例外ではない」と考えたのです。

このような万物が原子からできているという理論を、原子論といいます。

デモクリトスは、原子論を霊魂までおしひろげ、霊魂も原子からできていて、その原子は丸くてすべすべして活発に運動し、生命のはたらきを起こさせるとしました。

デモクリトスの原子論からすると、鉄と鉛では同体積で鉛のほうがずっしり重く、やわらかいことはこう説明されます。

「鉛のほうが、原子が鉄よりもたくさん詰まっている。鉄は、原子の間にすきまがあるところとぎっしり詰まっているところがある。だから、鉛よりもすきまがあるのに硬いのだ。鉛は原子が平均的に詰まっているので、全体にすきまが少ないのに鉄のようにぎっしり原子が詰まっているところもないからやわらかい」

現代の化学の根本原理は原子論です。放射性の原子の存在のために、「壊れることはない原子」の考えは誤りになっていますが、古代ギリシアの時代に、原子論を想像できた自然哲学者がいたことは賞賛にあたいします。

＊　＊

筆者は、デモクリトスの説明をするときに、物の温度を上げると膨張する事実を、原子論的に考えてもらっています。

万物は、原子とその原子の運動空間からできています。10円玉を加熱して温度を上げると、10円玉の大きさはどうなるでしょうか。膨脹して円周も厚みも大きくなります。10円玉をつくっている一つの原子と、その原子の運動空間をイメージしてください。筆者は原子の運動空間を「その原子の縄張り」とよんでいます。温度を上げると原子の運動は激しくなり、その運動空間が大きくなります。一つ一つの原子とその運動空間が大きくなることで全体として膨脹します。

では、5円玉を加熱すると、5円玉の穴の大きさはどうなるでしょうか。穴の縁に原子がずらっと並んでいる様子をイメージしてみましょう。ただ並んでいるだけではありません。その一つ一つは温度に応じた運動空間を持っています。つまり、運動空間をもつ原子がずらっと並んでいます。原子の運動が激しくなるとそれぞれの運動空間が大きくなります。すると穴は大きくなるしかありません。つい、5円玉全体が膨脹するが穴の方にも膨脹して穴は小さくなると考えたくなりますが、それは間違いなのです。

†多彩な天才アリストテレスは原子論嫌い

デモクリトスの原子論は、アリストテレスによって批判されます。アリストテレスは、デモクリトスがなくなった年に、まだ少年でした。

アリストテレスは、プラトンの弟子であり、大帝国をつくったアレクサンドロス大王が皇太子時代の家庭教師でもありました。アレクサンドロス大王は彼を大切にして、学問を研究するための費用を惜しみなく与えました。あらゆる分野について本を書き、弟子もたくさんいました。「アリストテレスのいうことなら間違いはない」というのが、学問をする人たちの気分でした。

アリストテレス

アリストテレスは、原子論を「どんな物だって打ち砕けば小さな粒になるではないか、壊れることのない粒なんてありえない、また真空なんて存在するはずがない、見たところ空っぽの空間にも何かが詰まっているのだ」と批判しました。
彼の考えを人々は「自然は真空を嫌う」という言葉で言い表しました。
では、アリストテレスは万物をつくる〝もと（元素）〟をどう考えていたのでしょうか。
彼は、万物はたった一つの原料、『いろいろな〝もと〟の、そのまた〝もと〟』から形づくられたと考えました。これは、万物は「火、空気、水、土」という〝もと〟が混じり合い、結びつき合ってできているが、「火、空気、水、土」という〝もと〟の、そのまた〝もと〟というひとつからできている、ということです。つまり、一つの〝もとのもと〟を考えたのです。

彼のいう〝もとのもと〟とは何でしょうか。

彼の考えの〝もとのもと〟には、姿も形もありません。

- ●〝もとのもと〟に「熱」と「乾き」という性質が加わると、「火」が現れる

アリストテレスの四元素説

- ●〝もとのもと〟に「熱」と「湿り」という性質が加わると、「空気」が現れる
- ●〝もとのもと〟に「冷」と「湿り」という性質が加わると、「水」が現れる
- ●〝もとのもと〟に「冷」と「乾き」という性質が加わると、「土」が現れる

たとえば、なべに水を入れて火にかけると、火の性質のひとつの「熱」は、水の性質のひとつである「湿り」と一

緒になり、〝もとのもと〟は「熱」と「湿り」を受けとって「空気」(本当は空気ではなく湯気)になって立ち上る。水が蒸発してしまうと、火の性質の「乾き」と水の性質の「冷」と一緒になって、土(本当は水に溶けていたカルシウムなどのミネラル分)になる、というわけです。

アリストテレスの、このような元素の考えは、人間の常識に受け入れやすい面があり、とくにヨーロッパでは19世紀まで影響を与え続けました。また、彼の論理と自然についての考えは、多くの点でキリスト教会に利用されました。その結果、彼は神格化され、権威として祭り上げられました。原子論は無神論者をつくり出すということで、キリスト教会やときの支配層によって追放されました。

第三章

錬金術のルーツと発展と衰退

石ころ（鉱石）から光沢があり木よりも丈夫な金属をつくりだすことは、一般の人には神業のように思われたことでしょう。冶金によって金属をつくる技術者は、不思議な魔力をもった者として恐れられかつ尊敬されました。

そんななか、化学変化がすべて神秘に満ちていた古代社会で、鉛などの卑金属を転換（変成）させて金をつくることを本気で考えた人々が現れたのは当然のことでした。このようにして古代から17世紀までの2000年近くもの間、錬金術が栄えることとなりました。

†アレクサンドリアの錬金術

紀元前331年、エジプトを占領したアレクサンドロス大王は、この地域の首都としてナイル川の河口にアレクサンドリアという都市を建設しました。その後、2世紀ほどの間にアレクサンドリアは、多種多様な文化と伝統が入り交じった、世界で最大の都市になりました。

ここには、プトレマイオス1世がアレクサンドリアに設立したムセイオンとよばれた学問所があり、地中海周辺諸国から多くの学者が集まってきました。付属の図書館は、ギリシア・ローマ時代で最高のもので、巻物やパピルスの形で保管された7万点以上の蔵書を持っていました。

このアレクサンドリアが錬金術の発祥の地といわれています。しかし、本当にここが錬金術発祥の地かどうかははっきりしません。

1828年にエジプトで発見された「ライデン・パピルス」や「ストックホルム・パピルス」(3世紀ごろのもの。ただし内容的には紀元前2~前1世紀にさかのぼる)には、金や銀に別の金属を加えて増量する方法や染色法について書かれていて、当時の金属加工や染色の職人が、どんなことをしていたかがわかります。職人の努力のほとんどは、銀や金のような貴金属の安い模造品をつくるのに向けられていたようです。

たとえば、「ライデン・パピルス」に次のような記述があります。

〝アセム(金と銀の合金)の製法　軟らかいスズの小片をとって、4度精錬せよ、そしてスズ4と、精錬された白い銅3と、アセム1をとる。融かして鋳型に流した後、数回研磨し、望むものをこしらえよ、それは第一級の品質を持ったアセムであり、職人さえもだまされるであろう。〟

文書の内容からすると、これを書いた職人が、金属を貴金属に変えようという雰囲気はありませんが、条件さえ整えればそれができると思った者が出てきても不思議ではないでしょう。

エジプトには、ミイラに見られるように死体防腐処理法、染色法、ガラス製造法、彩釉(さいゆう)陶器づくり、冶金法などの技術がありました。そこにギリシア文化のアリストテレスの元素の考えが影響を及ぼしました。「火、空気、水、土」という〝もと〟の、そのまた〝もと〟という一つのものは、熱と冷、乾と湿という性質でした。「性質は変えることができるはずだ。熱は冷に変えられるし、湿は乾に変えられる。それなら元素は変えられるはずだ、金属を金にすることだってできるはずだ」となったことでしょう。

また、この時代に知られていた元素は、7つの金属元素、金、銀、銅、鉄、スズ、鉛、水銀に、非金属元素では炭素と硫黄でした。

エジプト人は、恒星を背景に位置を変える「さまよえる星」が太陽、月、金星、火星、土星、木星、水星と7つあり、すでに知られていた7つの金属を結びつけました。太陽と金、月と銀、金星と銅といった具合です。初期の錬金術師は、自分たちこそが宇宙の秘密を解いていくのだと思っていたかもしれません。

錬金術は、紀元後間もないころに、アレクサンドリア以外にも、南米、中米、中国、インドでも始まっていました。どの地域でも金属から金を得たいという欲望、病気の治療など医学が動機になっていました。中国はとくに人間の寿命を延ばすことに興味を持っていたようです。中国の支配階級は「不老不死の霊薬」を求めていましたが、こうした霊薬は効果を高めていくにしたがって毒性も高まっていくものです。歴代の中国皇帝はこうした霊薬の中毒で多数死亡しました、

２９６年、皇帝ディオクレティアヌスは、ローマ帝国全土で錬金術を禁止し、錬金術の文献をすべて燃やすよう命じ、大量の文書が破棄されました。それが初期の錬金術についてはっきりしない理由です。なお、皇帝が錬金術を禁止したのは金属から金をつくることが成功すると考えたからでした。あちこちで金がつくられてしまったら帝国の経済が崩壊してしまうと恐れたのでした。

３９１年には、キリスト教徒によってアレクサンドリアの図書館の本は略奪され、焼失しました。ギリシア・ローマ時代の某大な蔵書が炎に包まれ、地球上から失われてしまったのです。

†錬金術はイスラム世界で発展

7世紀、イスラム教の拡大はめざましく、中東や中央アジアの大部分と、中近東やアフリカ北部までをその支配下におきました。初めイスラム王国は非イスラム系の学問に批判的でしたが、8〜11世紀のイスラム帝国第二の世襲王朝であるアッバース王朝が生まれると、イスラムの世界で学問が開花します。

時の権力者たちは古代ギリシアだけではなく、中国やインドなどの文献もアラビア語に翻訳させました。イスラム帝国の内外から学者たちがアッバース王朝の首都バクダッドに集まってきました。学者たちは数学、天文学、医学、化学、動物学、地理学、錬金術、占星術などの研究を進めました。

イスラムの錬金術師たちは、古代ギリシアの科学的知識、錬金術を霊的な意味づけをした新プラトン派の神秘主義、中国やインドの科学、錬金術などを取り入れました。イスラム錬金術からは硫黄や水銀がよく用いられるようになりました。これは中国の錬金術からの影響があったと考えられます。

中国では古くから辰砂（しんしゃ）という物質が使われてきました。辰砂は赤色の物質で成分は硫化

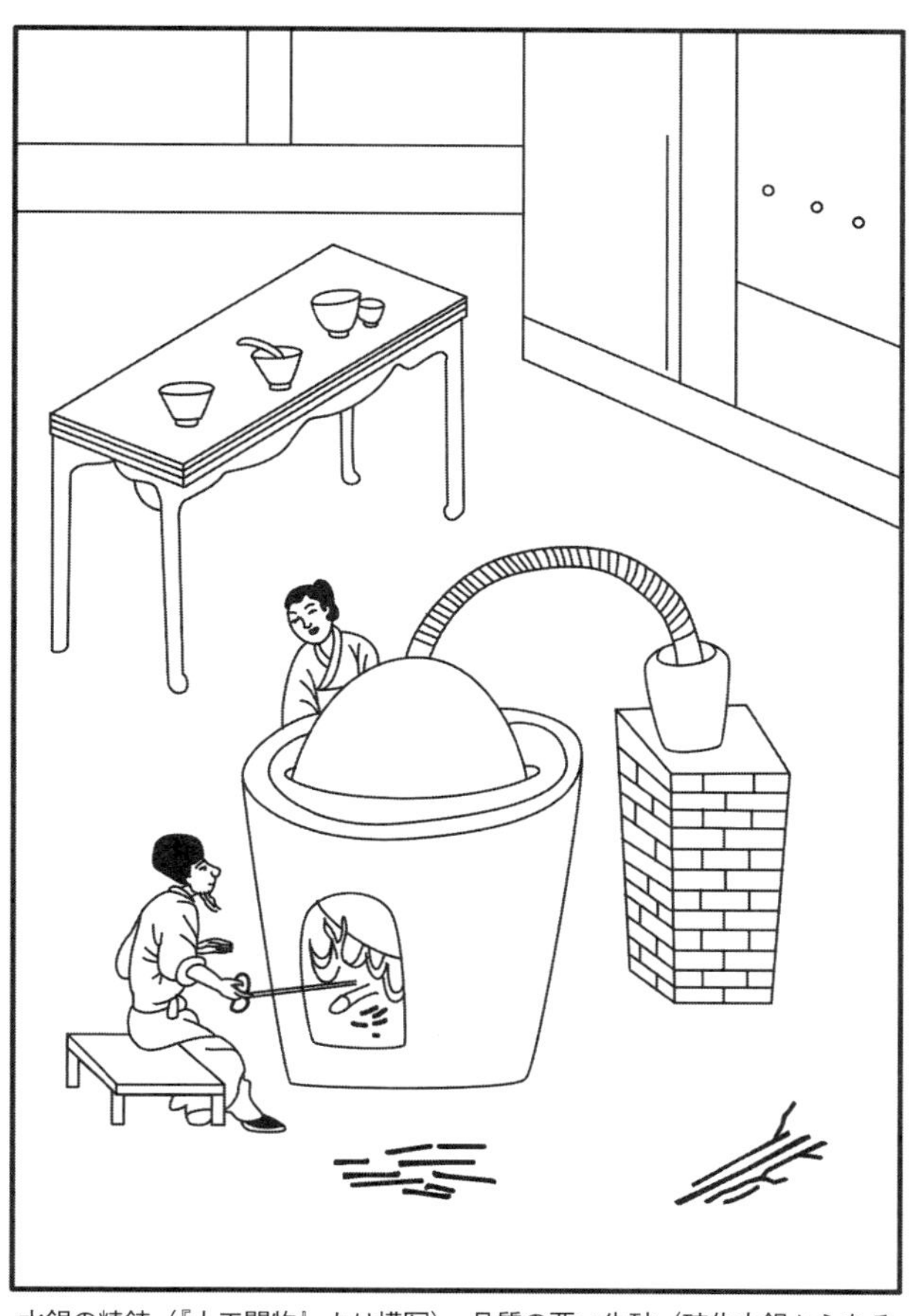

水銀の精錬（『人工開物』より模写)。品質の悪い朱砂（硫化水銀からなる鉱物）を蒸留して水銀を得る

水銀（水銀と硫黄の化合物）です。わが国でも、昔から赤色顔料として、朱塗りの神社仏閣、漆器、朱墨、朱肉に使われていました。

赤色の辰砂を加熱すると水銀と硫黄に分解します。銀色の水銀が得られますが、水銀と硫黄から硫化水銀をつくることができます。水銀を空気中で加熱すると酸素と結びついて赤色の酸化水銀になります。さらに酸化水銀を加熱すると分解して水銀と酸素になります。

こんな変化をする物質ですから、中国錬金術で辰砂は不老不死の霊薬づくりに重要な物質でした。中国錬金術が唐の時代にシルクロードあるいは海路を経由してイスラム世界に伝わった可能性があります。

†アラビアの錬金術師ジャービル・イブン・ハイヤーン

ジャービル・イブン・ハイヤーンは721年ころの生まれで、バクダッドでくらしていました。当時の帝国はアラビアン・ナイトで有名なハールーン・アッラシード王の統治下でした。

ジャービルは、錬金術以外にも自然科学のいろいろな分野で優れた才能を示しました。

ジャービルは、エメラルド板（エメラルド・タブレット）やアリストテレスの元素の考えに影響を受けて、自分なりの工夫をつけ加えました。とくに「あらゆる金属は硫黄と水銀によってつくられる、硫黄と水銀の比率によって金属の性質が異なる」と考えました。金は完全な比率を持つとして、鉛を金に変えられると信じていました。鉛を硫黄と水銀に分解し、不純物を取り除く精製をして、その硫黄と水銀を金の比率にしてやれば金がつくり出せると考えたのです。アレクサンドリア時代の錬金術にはほとんど登場してこなかった硫黄と水銀がここには現れています。

エメラルド板とは、錬金術の歴史に登場する伝説上の人物ヘルメス・トリスメギストス（ギリシア語で3倍偉大なヘルメスという意味）が書いたとされる文書です。彼はエジプトの知恵の神トートとギリシアの神ヘルメスが融合した神秘的な存在だとされています。彼が書いたとされる文書のなかでもっとも重要だったのがエメラルド板でした。ジャービルのある著作のなかには、そのアラビア語による文書がふくまれていました。エメラルド板は短文で、そこには錬金術の具体的なことは書いてありませんでしたが、錬金術の神髄を示していると考えられました。

「これは偽りなく、確実で、真実である。

下のものは上のものに似ており、上のものは下のものと似ており、かくして一なるもの

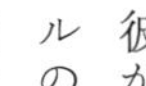

の奇蹟を行う。

すべてのものは一なるものの仲介により造られたように、すべてのものはこの一なるものから適応によって造られる。

一なるものの父は太陽、母は月である。風はそれを胎内に宿し、地は乳母である。世界のすべてのものを完成する父がここにいる。それが地に変わるとき、その力は全きものとなる。

火から地を、粗大なものから精妙なものを巧みに分離せよ。それは地から天空に上昇し、再び地に下降し、上位のものと下位のものの両方の力を受けとる。

かくして汝は全世界の栄光を得て、不確実なるものは消え去るであろう。

その力は、すべての精妙なものを超え、すべての固定したものを貫いているために、すべての力に勝る。

かくして世界は造られた。

かくして驚くべき適応が生まれるが、その過程はここにおいて示されている。

それゆえ、私は全世界の哲学の三つの領域に通じるヘルメス・トリスメギストスと呼ばれる。

太陽の作業に関して私がいうべきことは、これがすべてである。」（吉村正和『図説　錬金術』河出書房新社）より。

「下のもの、上のもの」とは、万物は宇宙と自然と人間とが一体になっていることを表しているのでしょう。「一なるもの」（唯一のもの）は、アリストテレスのいう万物の〝もと〟の〝もと〟を思い起こさせます。「一なるもの」から万物ができるという考えです。

1680年代に、アイザック・ニュートンがエメラルド板の各段落に注釈を加えたものがあります。たとえば、「下のものは上のものに似ており、上のものは下のものと似ており、かくして一なるものの奇蹟を行う」には次のような注釈をつけていました。

「下位のものと上位のもの、固定されたものと揮発性のもの、硫黄と水銀は同じような性質をもっており、男と女のように一つのものである。両者は互いに消化と成熟の度合いに応じてのみ異なっている。

硫黄は成熟した水銀であり、水銀は未成熟の硫黄である。この親近性ゆえに両者は男と女のように結びつき、互いに作用しあう。この作用を通して互いに変容して、さらに高貴な子どもを産み、一なるものの奇蹟を行う」

ジャービルは、金への変換には、現在の化学でいう触媒（反応の前後でそれ自体は変化しないで反応を促進する物質）の必要性を述べています。これは錬金術のなかで「賢者の石」といわれるようになります。

ジャービルは錬金術に取り組みながら化学の分野で大きな功績を残しました。もちろん、金や銀をつくりだすことはできませんでしたが、化学物質についての新しい知識を手に入れて整理したり、ガラス器具の性能、金属精錬の精度、さらに染料とインクの製造技術を向上させました。

火山の噴火口周辺で見つかる塩化アンモニウムの性質を調べました。酢を蒸留して濃縮し、濃酢酸をつくりました。さらに塩酸と硝酸を混合して得られる王水をつくりました。王水は塩酸、硫酸、硝酸でも溶かせない金を溶かすことができる溶液です。

なお、硫酸と硝酸は、イスラムの職人がつくったと考えられています。硫酸は、火山地帯の岩石に混じって取れるミョウバンが原料でした。ミョウバンは硫酸アルミニウムカリウムに結晶水がくっついた物質です。ミョウバンを蒸留器に入れて強く加熱すると、蒸留器の口から、激しいにおいの蒸気を出す重い油のような液体物質が得られました。これが硫酸です。黒色火薬の原料として使われていた硝石（硝酸カリウム）とミョウバンを混ぜて、蒸留器に入れて強く加熱すると、蒸留器の口から、赤茶色の蒸気と茶色の液体物質が得られました。茶色の液体物質が硝酸でした。

硫酸、硝酸、王水などの酸がつくれるようになると、これらの酸に金属や鉱物などを溶かし、溶液を蒸発させて、いろいろな塩（えん）がつくられるようになりました。塩とは酸とアルカリの中和で生じる化合物です。たとえば塩酸と水酸化ナトリウムが中和すると塩化ナトリウムという塩ができます。

ジャービルがやったことでもっとも素晴らしいことは、明確で詳細な記述法です。実験に使用した材料、実験器具、実験方法および実験結果を項目立てて書いたのです。このことで、他の人が実験の細部まで正確に再現できるようになりました。

†錬金術の道具

すでに第一章で見たように、ヒトは火を利用し始めると、土器やガラスをつくり、鉱石から金属を取り出してきました。

錬金術では、加熱による融解、加熱による分解、加熱による灰化、蒸留、溶解、蒸発、ろ過、結晶化、昇華（固体から直接気体にすること）、アマルガム化（金属を水銀に溶かし合わせて合金にすること）などの操作を行います。そこで、まず必要なのは、窯などの炉（物

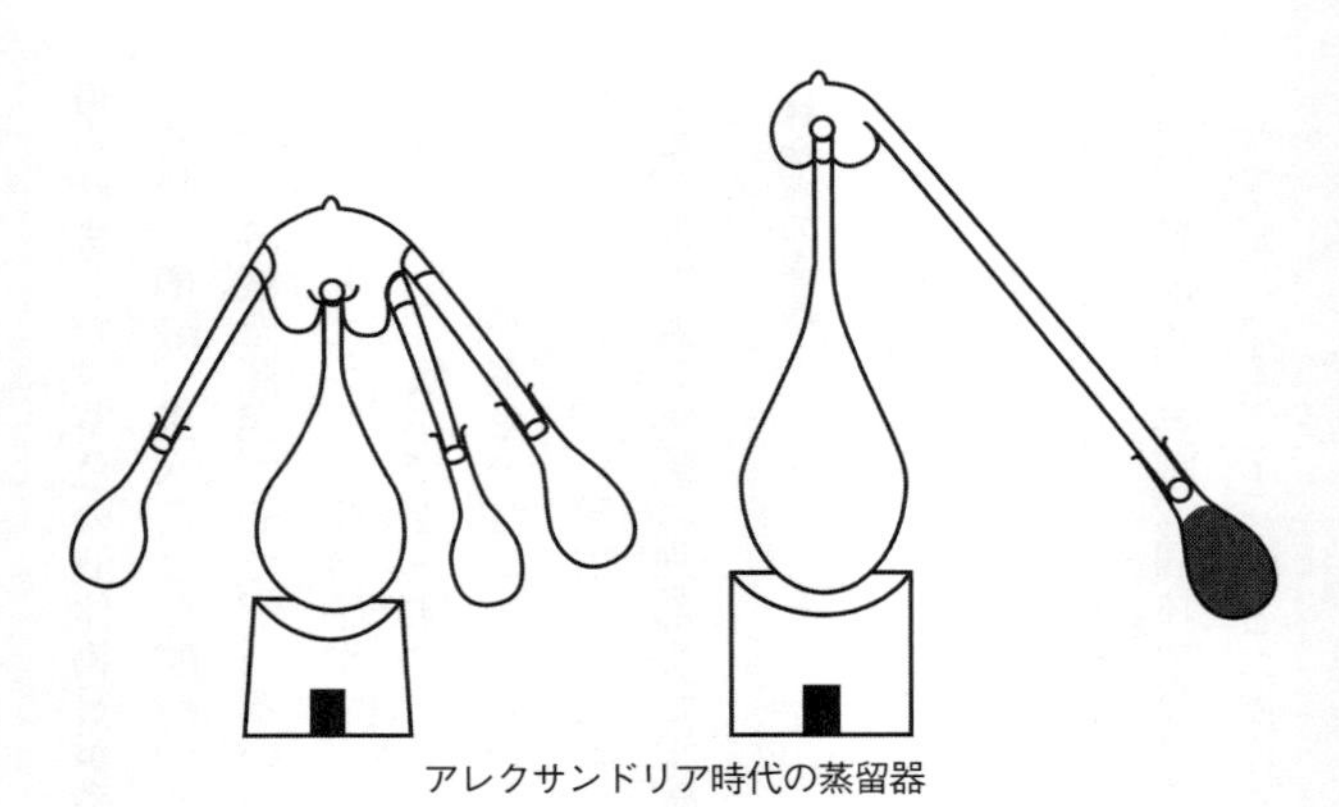
アレクサンドリア時代の蒸留器

質を加熱・溶解したり、物質に化学反応を起こさせたりするために燃料を燃やす耐火性の装置）です。炉に空気を送り込むためのふいごも利用されるようになりました。

溶液や金属を加熱するのには、そのための容器が必要です。それがルツボです。粘土に砂を混ぜて焼き固めて耐火性のルツボをつくりました。炉とルツボは錬金術時代の前からありました。ガラスもありました。ガラスの容器もいろいろつくられます。今でいうビーカーやフラスコなどです。ガラスや陶器で蒸留器がつくられました。蒸留には、レトルトというガラス器具がよく使われました。球状の容器の上に長くくびれた管が下に向かって伸びている形をしています。蒸留させたい液体を入れて球状の部分を加熱すると、蒸気が管の部分に結露し、管をつた

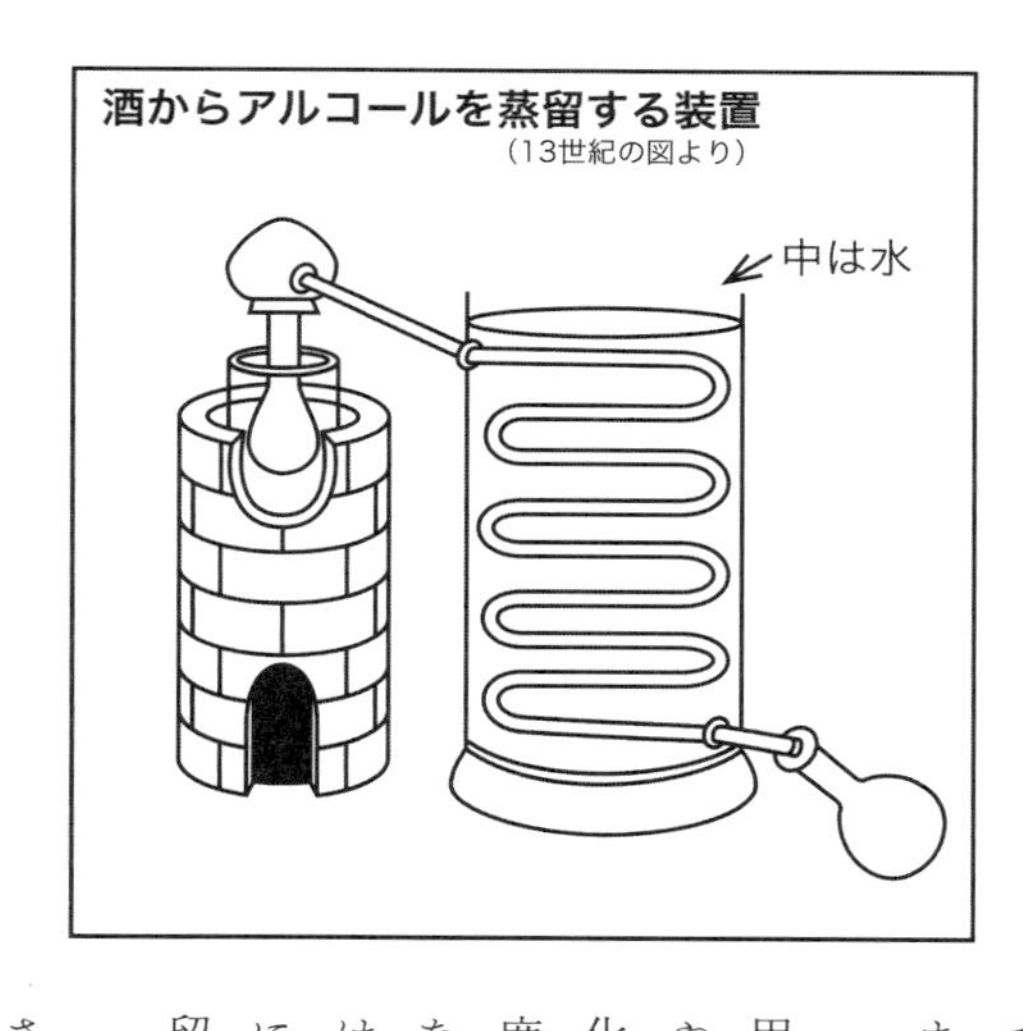

って容器に取り出したい物質を集めることができます。レトルトは錬金術で広く用いられました。

蒸留という操作は、物質の沸点の違いを利用して、いったん気体にしてから、それを冷やして物質を分ける方法です。たとえば、塩化ナトリウム水溶液では、沸点が水は100度ですが、塩化ナトリウムは1500度近くなので、塩化ナトリウム水溶液を熱すると水は水蒸気になりますが、塩化ナトリウムは水に溶けたままです。ですから、純粋な水―蒸留水が得られます。

アレクサンドリア時代には未だ糖分を発酵させるとできる水とアルコール（エタノール）が混じったものからアルコールを取り出すこ

とは行われていませんでしたが、おそらく12世紀か13世紀には、酒を蒸留するようになりました。14世紀にはブドウ酒を丹念に蒸留してほぼ純粋なアルコールが得られています。

†賢者の石づくりに血道を上げたルネサンス期

ヨーロッパにイスラム錬金術が移入されるきっかけになったのは、1096年に始まる十字軍、すなわちキリスト教徒によるイエス・キリストが教えを述べ、処刑され、そして復活した聖地エルサレムの奪還と防衛の運動でした。

ヨーロッパは、三圃式農業（連作による地力の消耗を防ぐために耕地を3つに区分し、1つを休閑とする輪作のやり方）、大開墾事業などで農業の生産力が向上しました。農民が余剰作物を交換し合う市場が生まれ、日常品や農機具をつくる手工業者やそれを売る商人が現れ、商業都市の発達をもたらしました。大学も生まれました。

こういう土壌の上に、ヨーロッパとイスラム世界との経済文化交流が進展し、イスラム錬金術もヨーロッパにもたらされました。ネックは錬金術の文献などがアラビア語で書かれていたことですが、アラビア語とラテン語に通じていたユダヤ人を通して、ラテン語への翻訳が行われました。12～13世紀に、イスラム錬金術のあらゆる学派の書がラテン語に翻訳されました。また、古代ギリシアの文献もギリシア語からラテン語に翻訳されました。

この宇宙のしくみを解明するには錬金術を研究しなければという機運が盛り上がりました。錬金術師たちは「賢者の石」という物質を使えば、金属を金に変えられる、と考えて、賢者の石をつくり出すために血道をあげました。

賢者の石は、形状としては石あるいは粉末などが想定されており、「白い石」は銀への変成に、「赤い石」は金への変成に使用されます。ただし、金属から金への変成に成功したという伝説は数多くあっても、本当に成功したと確認されたことはありません。インチキを除けば、できたとしても合金かメッキの類いでした。

賢者の石は、金属を金に変えるだけではありません。賢者の石には鉱物の元素も、金属の元素も、霊的な元素も入り込んでいるので、鉱物にも、人間にも、動植物にもはたらくことができるとされていました。ですから、賢者の石は、あらゆる生物の病気を治し、健康を維持する万能薬とも考えられていました。不老不死の薬でもあったのです。

錬金術師たちが不老不死の薬を追い求めたことで、錬金術が薬の製造にも使われました。

医化学の先駆者パラケルスス

16世紀の錬金術師のなかで活躍がめざましかったのがパラケルスス（1493〜1541）です。医師の家庭に生まれ、鉱物学や冶金学を学び、あちこち放浪しながら錬金術や医学を学びました。

本名は、テオフラストス・フォン・ホーエンハイム。本名の代わりに名乗ったパラケルススというのは「ケルススに勝る」という意味です。ケルススは1世紀のローマの医者で、当時再発見された著書が医学界で大流行していました。パラケルススはその著書の大部分が紀元前4世紀になくなったヒポクラテスの著書の焼き直しであることを見抜き、自分はケルススより優れているから「ケルススに勝る」と名乗って当然だと考えました。そしてそのことを証明しようとしました。当時の医学の権威にたてついたりして、古い伝統にしばられた科学者たちを自由にした面があります。人間的には論争を好み、挑発的で、毀誉褒貶（きよほうへん）が激しく、ファンも多いが敵も多いという性格だったようです。

パラケルススことテオフラストス・フォン・ホーエンハイム

パラケルススは、錬金術師としては賢者の石を求め続け、それが不老不死の霊薬だと確信していました。パラケルススは、それまでの「あらゆる金属は水銀と硫黄からつくられる」という考えを批判し、水銀と硫黄の他に第三成分として塩を加えました。錬金術師が持っていた精神と霊魂と肉体という三区分を具体的に表したものでした。火、つまり燃焼性の物質である硫黄は霊魂に、「水」である水銀は精神に、土、つまり塩は肉体に対応したのです。たとえば木が燃えるときは「燃えるものは硫黄であり、蒸発するものは水銀であり、灰となるのは塩である」ということになります。なお、ここでの水銀・硫黄・塩はその名でよばれる具体的な物質ではなく、もっと抽象的な精（スピリッツ）を表しています。この三原質説は、それまでの水銀・硫黄説にほとんどとって代わりました。

パラケルススは、錬金術を医学に役立つように利用して、化学的な治療法を開発したり、それぞれの病気の治療に合う薬を調合すべきである、として医学に化学を導入しました。とくに彼はアヘンチンキ（アルコールに大麻から抽出したアヘンエキスを混ぜたもの）を、いろいろな病気の症状をやわらげる鎮静剤として、また万能薬のようにも用いました。

それまでヨーロッパの薬の大部分は植物を原料にしていました。それに対して、パラケルススは鉱物の薬も使うようにしました。たとえば、当時大流行していた梅毒の治療に水銀の化合物を、きちんと適量をはかり、指示通りの時間間隔で服用させることを主張しました。梅毒の治療に水銀の化合物を使うことは、１９０９年に画期的な梅毒治療薬サルバルサン（ヒ素の化合物）が登場するまで標準の治療薬になっていました。現代でもパラケルススが治療に使った化合物が使われているものがあります。亜鉛や銅の塩類、鉛やマグネシウムの化合物、皮膚病に使うヒ素化合物の薬をつくる方法などです。

パラケルススは多くの敵対者を持っていたために、死後しばらくは、評価されることはありませんでした。しかし、16世紀末になるころには、彼の著作によって各地に信奉者が現れ、いわゆる医化学（医療化学）派が形成されました。

†ニュートンは最後の魔術師か？

パラケルススがなくなってから2年もたたないうちに、地動説についてのコペルニクスの著書『天体の回転について』が出版されました。コペルニクス（１４７３～１５４３）、ガリレオ（１５６４～１６４２）、ケプラー（１５７１～１６３０）、アイザック・ニュートン（１６４２～１７２７）といった近代科学の祖といわれる科学者たちの時代が始まったのです。

近代科学を打ち立てた科学者が錬金術にはまっていました。とくに有名なのはニュートンです。

ニュートンは、1668年ごろから18世紀の10年代ないし20年代まで錬金術を研究しました。20歳代半ばから晩年までの長期にわたっています。その様子をベティ・J・T・ドッブズ『錬金術師ニュートン』（大谷隆昶訳、みすず書房）の「1　アイザック・ニュートン、炉辺の哲学者」を参考にして紹介しましょう。

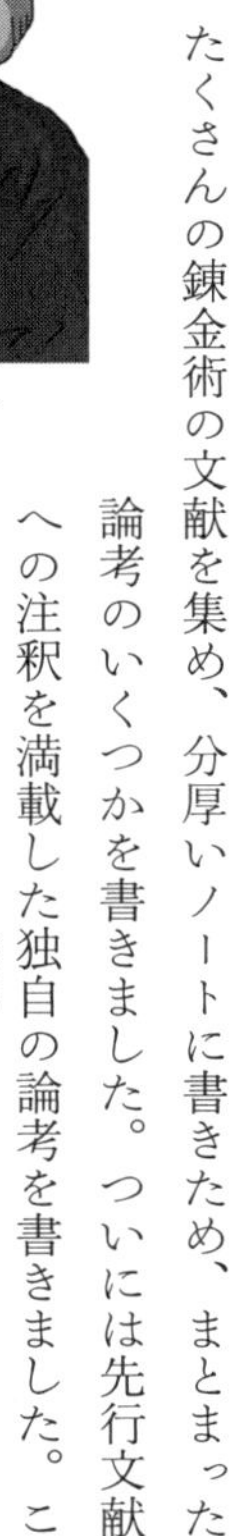
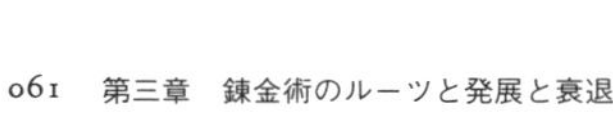
アイザック・ニュートン

ニュートンは、たくさんの錬金術の文献を集め、分厚いノートに書きため、まとまった論考のいくつかを書きました。ついには先行文献への注釈を満載した独自の論考を書きました。これらの手書き原稿（手稿）はきわめて膨大でした。

さらに実験記録もありました。その実験記録のぶっきらぼうといってよいほど短い一つ一つの文章の背後には、彼が実験室で使ったもの（レンガ製の自作の炉、ルツボ、乳鉢と乳棒、蒸留器、炭火など）とともに過ごしたたくさんの時間がひそんでいます。一連の実験は何週間、何か月、何年にもわたることがありました。

17世紀の「炉辺の哲学者」という言い方は、火をおこす炉の近くにいる人たち、すなわち無学な「火吹き屋」(ふいごで空気を送る役目の人)、道に外れたペテン師、あるいはアマチュアの「化学者」から、真剣な哲学的錬金術師を区別するために用いられます。ですからこの言葉をニュートンに与えても差し支えはないでしょう。仮にこの名に値する人がいたら、まさしくニュートンこそがその人です。

ニュートンは50歳代で一時精神錯乱状態になったのですが、後世いろいろな原因が言われました。その一つに水銀中毒説があります。ニュートンの髪の毛には通常人の10倍の水銀がふくまれていたというのです。他に金、ヒ素、鉛、アンチモンも通常値を超えてふくまれていました。それだけ「炉辺の哲学者」として、賢者の石を求める錬金術の実験に取り組んだのです。

多くの人が、ニュートンは近代科学の祖として科学的思考をもって数学的モデルをつくり出した人と思われているかもしれません。彼の研究手法のポイントは、もっぱら実験、観察、理性を中心にした数学的、科学的な方法を用いたという主張があります。だからニュートンが錬金術の研究にはまっていたことに驚くのでしょう。

経済学者として有名なケインズは、1936年、競売にかけられたニュートンの手稿（ポーツマス・コレクション）の約半分を買いとって目を通し、「人間ニュートン」という論考において、「ニュートンは理性の時代に属する最初の人ではなかった。彼は最後の魔術師であった」と述べています。

錬金術師としてのニュートンを研究したドッブズは、ニュートンが望んだのは神を知ることだった、ニュートンにとっては錬金術も物質界において現に進行中の神の活動の物語なのだ、としています。そして、ニュートンは、そのために使えるものならどんな出所のもの──数学、実験、観察、理性はもちろんですが、啓示（神が人間に対して、人の力ではとうてい知ることのできないような事をあらわし示すこと）、歴史記録、神話、ずたずたにされた古代の英知の残骸──からでも証拠を集めた、と述べています。

結局のところ、賢者の石を見つけることはできませんでした。しかし、賢者の石を欲しくてしょうがなかったのでしょう。1692年1月26日に、友人のジョン・ロックに、次のような手紙を書き送っています。

「私は、ボイル氏が、赤い土と水銀の製法を、私だけではなく貴方にもお知らせになり、亡くなられる前に、御友達にその土を若干量つくられたことを知っております。

ジョン・ロック様」

赤い土とは賢者の石です。御友達とは暗にボイルのことを指しており、ロックを通して赤い土を分けてくれないかと所望しているのです。

コペルニクス、ガリレオ、ケプラー、ニュートンはみな熱心なキリスト教の信者だったし、ニュートンだけではなくコペルニクス、ケプラーも神秘主義思想の持主でした。

ケインズは、時代を錬金術をふくむ魔術の時代と理性の時代に分けていますが、実際は当時の科学者には、天体の運動、物体の力学的な運動などの機械論の部分と非機械論――宗教（神や人間の魂といった霊的なものに関係）、魔術、錬金術、生物の生長や発酵など――の部分が混在していたのでしょう。機械論とは、すべての現象を機械的な法則によって説明しようとする考え方です。

錬金術の中にも魔術的な部分と、その後の錬金術の取り組みのなかで増加した物質の性質や変化についての博物学的な知識が混在していたことでしょう。

ニュートンからロックへの手紙に出てくるボイルとは、ボイルの法則（気体の体積と圧力は反比例）で有名なロバート・ボイルです。彼も錬金術に夢中になっていました。暗号を用いて密かに書かれたノートからは、一生懸命に賢者の石を探し求めていたことが読み

「錬金術師」ピーテル・ブリューゲル（子）作（アムステルダム国立美術館）

とれます。ニュートンが「ボイルなら賢者の石をつくっただろう」と考えるほどだったのです。

それでもボイルは名著『懐疑的な化学者』を完成させ、新しい元素の定義をしました。アリストテレスの四大元素説、パラケルススの三大原質説を批判し、近代化学の祖といわれています。なお、ボイルについては、第四章で扱います。

†錬金術師の生活

16〜17世紀の画家ピーテル・ブリューゲル（ベルギー）が錬金術師の仕事場の絵を残しています。場面はいろいろな道具が散乱する実験室で、欲にかりたてられて、夢中になっている人間の姿を見事に一枚の絵に描きました。

そのころは、人びとは錬金術に見切りをつけ始めていました。ブリューゲルは錬金術師が悲惨な生活を送っている様子を描いています。

混乱した実験室は錬金術師の混乱した精神状態を表しています。

右、窓下には、何冊ものぶ厚い錬金術書を読む学者らしい人物。これは錬金術書を何冊読もうと徒労に終わることを示しています。

左側には炉が並んでいます。ルツボによる加熱や蒸留が行われています。左側の人物は錬金術師で、ナベ形の帽子をかぶり、穴の空いたぼろな衣服を着て、やせた背中を見せています。

真ん中の女性は錬金術師の妻であり、穀物袋を開けていますが、中は空のようです。

その横の女性は助手で、ふいごで風を送り、火を燃やしています。

窓の左横には子どもたちがいます。食べ物はないかと炉棚を探しますが、あったのは空っぽの料理用のお釜だけ。それをかぶっている子どもがいます。

ブリューゲルは、窓の外に、錬金術師一家が子どもの手を引いて救貧院を訪ねるところを描いています。

ブリューゲルの絵は、当時、錬金術が末期状態になっていたことを表しています。

数世紀にわたった錬金術は、結局、金属を金に変成する第一歩となるはずの賢者の石をつくることができずに衰退していき、やがて近代化学を生み出していきます。

19世紀の化学者ユストゥス・フォン・リービッヒは、次のように述べています。

「賢者の石にまつわる謎がなかったら、化学はいまある姿になっていなかっただろう。なぜなら、賢者の石のようなものが存在しないという事実を発見するために、人びとは地球上のありとあらゆる物質を詳細に調べる必要があったからだ」

第四章 真空の発見と気体の発見

17世紀に、空気に重さがあることや真空が発見されました。真空の発見は、古代の哲学者たちの「自然は真空を嫌う」という主張をくつがえすものでした。18世紀に、空気の研究が盛んに行われるようになり、単一の成分だと思われていた空気から、さまざまな「空気」が相次いで発見されました。やがてこれらさまざまな「空気」は、ふつうの空気と区別されて、気体（ガス）とよばれるようになりました。

†真空の発見

産業が発達するとともに、金属の使用量が増えていきました。鉱石を掘り出すための穴はどんどん深くなっていきます。穴の奥深くからわき上がる地下水は、手押しポンプでくみ出しました。ところが穴の深さが約10メートルを超えると、水をポンプでくみ出せなくなります。そこで、当時は深い穴の途中途中に水をためては何段もポンプを配置してやっと水をくみ出していました。

なぜ、深さ約10メートルまでしか水をくみ出すことができないのでしょうか。

その問題を解決したのは、ガリレオ・ガリレイの晩年の弟子だったエヴァンジェリスタ・トリチェリ（イタリア）でした。トリチェリはポンプ—水の柱—水面をイメージして、

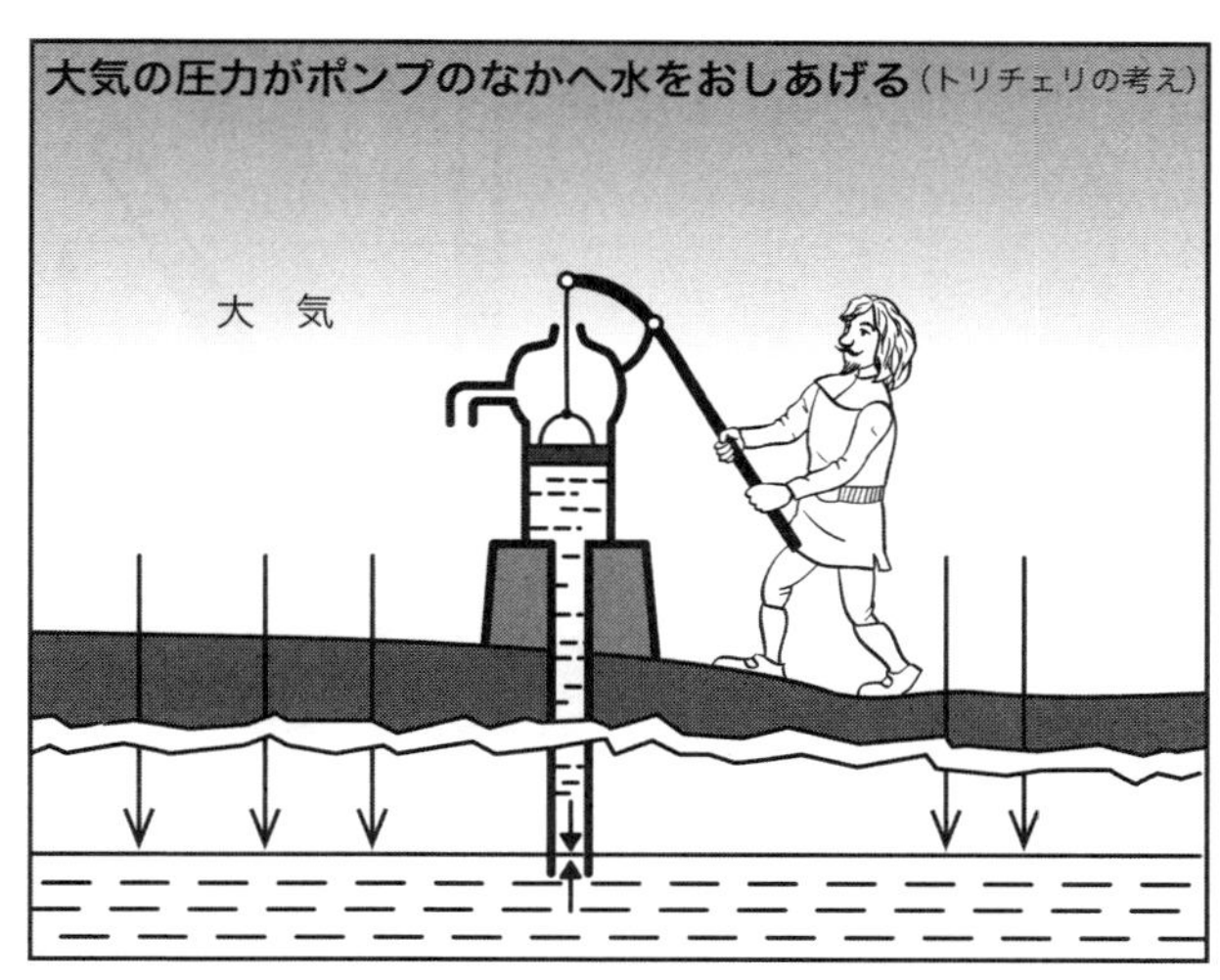

「私たち人間は、空気の海の底に住んでいる。空気には重さがある。その空気が水を押している（大気の圧力がかかっている）ので、水は押し上げられる。水の柱が重さで下へ押す力と、大気の圧力によって上へ押す力がちょうどつり合う高さまでしかポンプは水をくみ上げられない」と考えたのです。空気には重さがあることはガリレオが実験で確かめていました。

1643年、トリチェリは水の柱の代わりに、同じ体積で水よりも13・6倍も重い水銀を使って実験をしました。一端を閉じたガラス管に水銀をいっぱいに入れて、空いている他端をふさいで水銀の入った容器の中に閉じているほうを上に立ててから下の口を空けます。すると、ガラス管の水銀は液面から約76センチメートルの高さにストンと落ちます。これは、大気圧で支えられるのが、水銀だと76センチメートルであることを示しています。

これが水銀ではなく、水ならば1気圧で、その13・6倍、つまり約10メートルを支えられることになります。

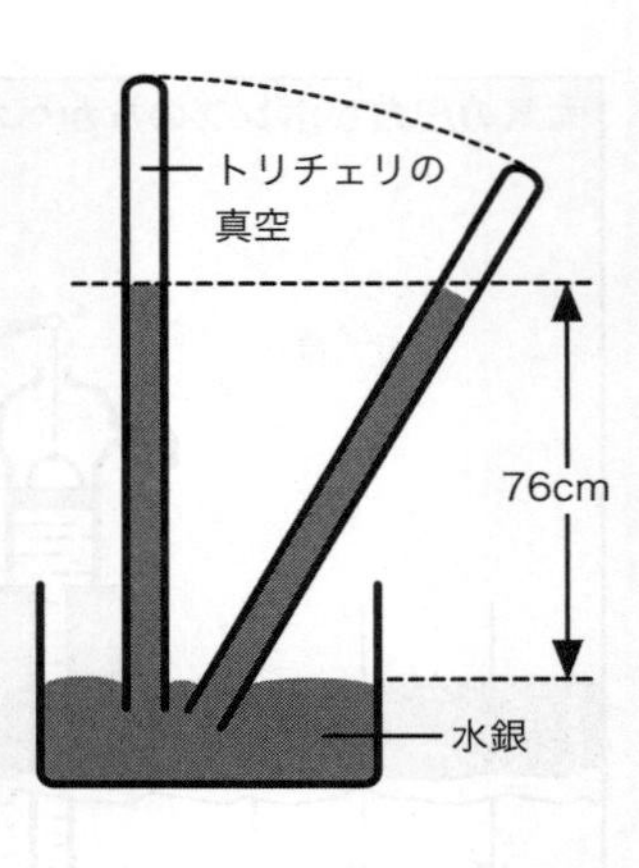

＊　＊

このトリチェリの実験の最大の成果は真空の発見です。水銀が入っていたガラス管の上部に空間ができます。そこにはもともと水銀があったので、空気はありません。真空ができたのです。

古代ギリシアの哲学者デモクリトスが、「すべてのものは原子と空虚（真空）からできている」という原子論を唱えたとき、「何もない空っぽな空間はない、自然は真空を嫌う」という批判をされました。しかも当時、デモクリトスは真空があることを具体的に示すことはできませんでした。ここにデモクリトスの「すべてのものは原子と空虚（真空）からできている」という原子論の真空が具体的に発見されました。

トリチェリの実験を再現する

私が中高理科の教員のときの理科の実験授業では、1気圧で水銀を76センチメートル支えられることを見せると同時に、水ではどうかということも確かめていました。

ホームセンターなどで無色透明のビニルホース（内径10ミリメートル）を12メートル購入します。そのホースに50センチメートル間隔の目盛りをビニルテープで貼りつけます。

次に、バケツに水を入れます。ホースの一端はバケツの中に、もう一端は水道の蛇口につけてホースに水を流し、ホース内を水で満タンにしたら蛇口からはずして、そのホースの口をゴム栓でふさぎ、針金できつくしばります。ゴム栓をしていない開いたほうのホースの一端は、バケツの水に入れたままです。これでホース内には水だけで、空気が入っていない状態になります。

そして、ゴム栓をしたほうの一端をまっすぐ上に持ち上げていきます。実験では、階段の隙間から上げていくのですが、12メートルのホースなので、一つの階の高さが3メートルくらいの建物なら、4階あたりのベランダまで持ち上げます。

すると、ホースの上部は3階を超えたあたりでぺしゃんこになります。ビニルテープの目盛りを確認すると、ホースがつぶれたのは、10メートルを超えたあたりです。つまり水柱はほぼ10メートルということで、トリチェリの実験の通りであることが確かめられます。

透明なビニルホースをよく見ると、水の中に少し泡が上がっていきます。気体は圧力が高いほど水にたくさん溶けているので、低圧になって溶けていられなくなった空気が出てきたわけです。ビニルホース上部のぺしゃんこになったところには、溶けきれなくなった少量の空気とその温度における飽和水蒸気がありますが、とても低圧なのでホースはぺしゃんこのままになっています。

†パスカルらの真空と圧力の研究

現在の圧力の単位「パスカル」は、フランスの哲学者であり、数学者であり、物理学者だったブレーズ・パスカルの名前からつけられました。

トリチェリの実験を伝え聞いたパスカルは、「もし水銀柱が、空気の重さが及ぼす圧力を表すならば、高い山では地上より山の高さの分だけ空気の重さは少ないはずだから水銀柱は低くなるのではないか」と考えました。1648年、パスカルの義兄ペリエは、トリチェリの水銀柱の実験装置を持って山に登りました。すると、標高が1000メートル高くなると水銀柱が約8・5センチ低くなりました。これにより、トリチェリの水銀柱は、気圧計としても使えることがわかりました。

今では水銀柱で血圧をはかる水銀血圧計は電子式血圧計に変わりつつありますが、血圧の単位は「mmHg（水銀柱ミリメートル）」が使われています。

パスカルは、1623年に生まれて1662年に39歳という若さで亡くなりました。小さいころから天才ぶりを発揮し、12歳のときには、2本の直線は決して交わらないことを前提にして大部分の図形の性質を自分の力で考えついていたのです。現在のコンピュータの祖先と言える機械式計算器「パスカリーヌ」も発明しています。現存する最古の機械式計算器でした。

パスカルの言葉で有名なのが、「人間は、自然のうちで最も弱い一本の葦（あし）にすぎない。しかしそれは考える葦である」というものです。人間はちっぽけで、もろい存在でも、考えるというそのことにおいて、人間は何よりも尊いのだとパスカルは主張しています。

名前が圧力の単位になったのは、圧力についていろいろな研究をしたからです。

パスカルは「閉じた液体や気体の一部に圧力をかけると、その圧力は液体や気体のどこにも同じようにかかる」という「パスカルの原理」を発見しています。このパスカルの原理から、地面付近では空気の重量から1気圧がかかりますが、その圧力は、下向きだけではなく、上向きにも横向きにも同じようにかかるということが言えます。屋根の下にいれば上からの大気圧は弱まるかというと弱まることはありません。外にいたときと同じように全身に、いろいろな方向から大気圧がかかっています。

同じころ、ドイツでも面白い実験が行われていました。マクデブルクの半球と呼ばれる実験です。当時、マクデブルク市の市長をしていたオットー・フォン・ゲーリケという発明の好きな学者がいました。1650年、ゲーリケはピストンと逆流防止弁つきのシリンダーからなる、空気をくみ出すことができる真空ポンプをつくりました。ゲーリケはトリチェリの実験のことは知らなかったようです。

このゲーリケが有名なのは1654年に行った公開実験マクデブルクの半球です。神聖ローマ帝国皇帝フェルディナント3世の前で行ったもので、たくさんの見物者がいました。

縁がぴったりと合う2つの大きな中空の銅製半球をくっつけて、真空ポンプを動かして内部の空気を抜きました。それぞれの半球には馬8頭ずつがつながれました。ゲーリケが

「マグデブルクの半球」の実験

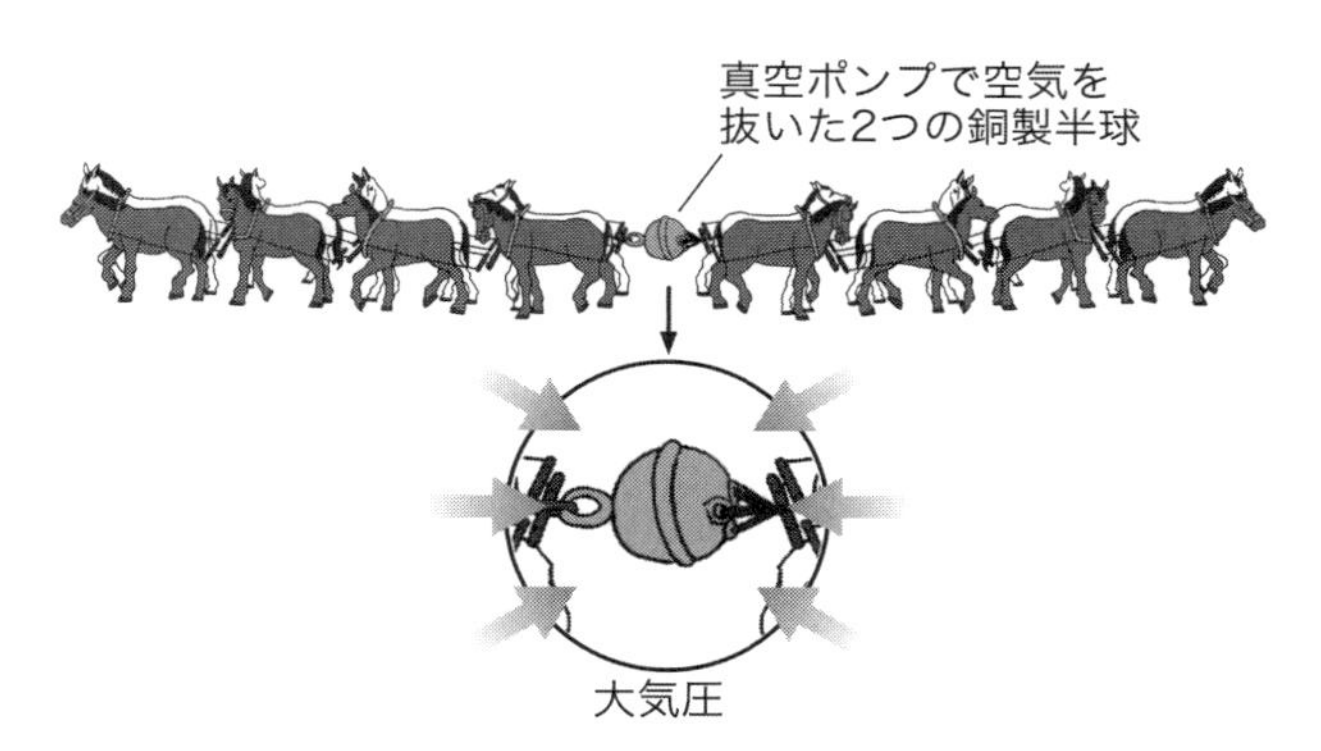

16頭の馬の力でも球を分離できなかった

合図をすると馬たちは反対の方向に引っ張り合いました。どんなに馬にムチを入れても半球は離れませんでした。馬を解いた後に、半球についていたレバーを開けるとシューッという音がして空気が半球に入り込み、半球は自然に二つにパッと割れました。

†ガスという言葉の名付け親はファン・ヘルモント

第二章で紹介したベルギーのファン・ヘルモントは、ヤナギの木の実験から水が唯一の元素と考えるようになりましたが、水が他のものに変わるときには空気が重要な役割を果たしているに違いないと考えました。そこで彼は空気とその性質を調べます。

錬金術師は、いわゆる私たちのまわりに

ある「空気」とは違う、悪臭を放ったりする空気の存在に気づいていました。また、香料やさまざまな油などが「蒸気」になることも知っていました。このような蒸気は空気とは違うと考えて「スピリッツ（精）」とよびました。スピリッツは頻繁に使われるうちに実験室で使われる蒸発しやすい液体、つまりアルコールを指すようになりました。現在、蒸留酒のことをスピリッツとよんでいるのは、このような経過があったからです。

ヘルモントは金属が酸に溶けても、金属は形態が変化するだけでちゃんと酸の中に存在し、酸の中から金属を回収すると、もとの重さの金属が得られることも証明していました。ヘルモントは62キロの木を燃やす実験をしました。後に灰が1・1キロ残りました。発生した蒸気の見かけは空気と同じようですが、それを集めてロウソクを入れると火が消えました。つまり、木には「空気に似たもの」がふくまれているのだと考えたヘルモントは、それを「木のスピリッツ」と名づけます。この「木のスピリッツ」は、ワインやビールの発酵、アルコールの燃焼で生まれる「空気に似たもの」と同じものだと考えました。さらに実験を進めて、空気以外に「空気に似たもの」がいろいろあることにヘルモントは気づきました。彼は錬金術師でもありましたので、古代ギリシアの神話で、宇宙は最初無秩序なカオス（混沌）だったとされていたことから「空気に似たもの」をカオスとよぶことにしました。ファン・ヘルモントが暮らしていた地域では、子音を喉音で強く発音すること から、カオスがガオスに聞こえ、後にガスという言葉になりました。

近代化学の祖ボイルの微粒子論

第三章のニュートンの項に名前が出たロバート・ボイル（1627〜1691）は、高校化学の教科書に必ず載っている「ボイルの法則」で有名です。ボイルの法則とは、気体の体積を半分にするには2倍の圧力が必要という原理です。気体を圧縮する圧力を3倍にすると体積は3分の1になります。ボイルは、マクデブルク市の市長オットー・フォン・ゲーリケが発明した真空ポンプを使って、この法則を発見したのでした。

ロバート・ボイル

ボイルは1650年代初期に、当時の錬金術師から錬金術の知識と技術を徹底的にたたき込まれました。その後、錬金術が持っていた神秘的、魔術的、または擬人的な面を取り払い、実験的方法を重視する考えを著書『懐疑的な化学者』で示し、アリストテレスの四元素説、パラケルススの三原質（硫黄、水銀、塩）説などを批判しました。

ボイルをさまざまな実験へと導いた考えは、「ものは小さくて硬い、物理的に分割できない微粒子からできている」とする微粒子論（ボイルなりの原子論）でした。彼の論によれば、微粒子とは自然をつくりあげているレンガであり、それらが結びついて大きなかたまりになり、このかたまりがしばしば化学反応の単位になるというものでした。

たとえば、ボイルは、リンを単離する方法を完成させ、このリンを使って空気の化学的研究に用いました。

ボイルは、酸とアルカリを研究し、指示薬を使いました。「酸とは、1すっぱい味がする、2多くの物質を溶かす、3コケからとった有色色素（リトマス）を赤色に変える、4アルカリと反応すると、それまで持っていたすべての性質を失う物質である」と述べています。

ボイルの研究で当時の人々にもっとも大きな影響を与えたのは、スズなどの金属をレトルトに入れて灰（酸化物）になるまで熱したら重さが増えた原因の解明でした。ボイルの微粒子論で、「ガラスを突き抜けて、火の微粒子が入って金属と結びついたから」という考えは、アントワーヌ・ラボアジェ（1743〜1794）によって、その実験が批判されるまでおよそ100年間、多くの化学者に受け入れられていました。

ボイルはロンドンにできたばかりの王立協会（ロイヤル・ソサイエティ）のメンバーの一人になります。王立協会は、1662年に国王チャールズ2世の勅許を得て設立された、自然を研究する新しい学問を愛好する人々の集まりで、科学者の最古の学会ともいえるもので、現在も存続しています。

間違った結果もありましたが、「実験結果を失敗もふくめて報告する、これが化学的方法の基本だ」というボイルの実験重視の姿勢は、その後の化学者たちに強い刺激を与え、近代化学の祖とよばれています。

†燃えるのは、フロギストンが飛び出すこと？

18世紀の初めにドイツのゲオルク・シュタール（1659〜1734）は、「燃えるものは灰とフロギストン（燃素）からできていて、ものが燃えるのはフロギストンが放出されるから」という説を唱えました。ロウソク、炭、油、硫黄、金属などすべての燃焼する物質にはフロギストンというものがふくまれていて、燃焼するとフロギストンが飛び出していくというのです。たとえば炭は燃えた後にわずかしか灰を残さないので、炭はフロギス

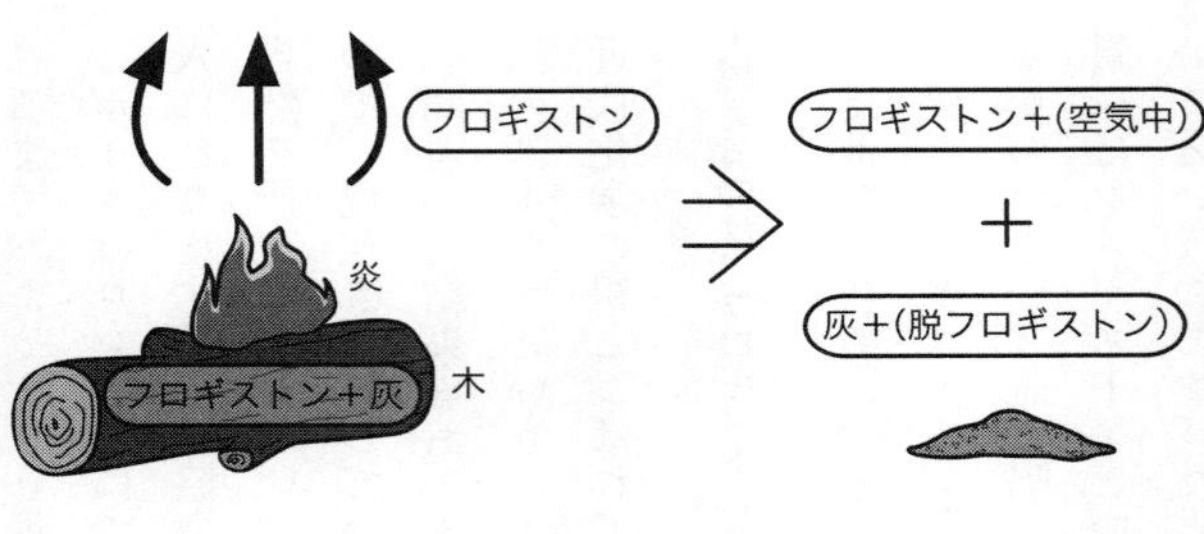

トンを多量にふくむ物質だと考えました。金属も燃焼して灰になるので、金属は灰とフロギストンが結びついてできているとしたのです。

18世紀末までフロギストン説が支配的でした。燃焼は、「燃える物質」マイナス「燃素」イコール「灰」ということが起こっていると説明したのです。しかし、金属が燃えて金属灰になるとき重くなるということをうまく説明できませんでした。たとえばフロギストンはマイナスの質量を持っているという説明をしていました。

フロギストン説が打ち破られたのは、燃焼とは燃える物質と酸素の結びつきであることを、ラボアジェが明らかにしたからです。マイナスの質量を持った燃素、なんてものを考える必要がなくなりました。ラボアジェについては、第五章で紹介しましょう。

†二酸化炭素と酸素の発見

18世紀の中ごろ、イギリスのスコットランドのエディンバラ大学に、ジョセフ・ブラック（1728〜1799）という大学教授がいました。ブラックは熱の物理学の土台をつくった人です。

1756年、ブラックは、木灰（炭酸カリウム）や石灰石（炭酸カルシウム）の化学反応を、天びんを使って重さを調べながら研究して、これらの固体の中に固まる空気（固定空気）がふくまれていることを発見しました。ブラックの同僚だった化学者は、「空気のような希薄な物質が、かたい石の状態で存在し、そのことが石の性質をたいへんに変えてしまうなんて、これほど不思議なことがあるだろうか」と、著書の序文で述べています。かたい石とは、炭酸カルシウムでできた石灰石や大理石のことです。

固定空気は二酸化炭素のことです。この固定空気が空気の中にふくまれていることをブラックが発見しています。ビーカーに石灰水（水酸化カルシウム水溶液）を入れて空気にさらしておくと表面に白い皮のようなものができます。この皮のようなものを集めて酸をかけると石灰石と同じように泡を出しながら溶け、石灰石と同じ物質であることがわかりました。

現代の理科の教科書には、気体が二酸化炭素かどうかを確かめる方法に、気体を石灰水に通して白い沈澱ができれば（白くにごれば）、二酸化炭素だという内容があります。

ブラックは固定空気を気体としてつかまえて調べようとはしませんでしたが、10年あまりたってからイギリスのヘンリー・キャベンディッシュ（1731〜1810）が、水上置換で集めて密度をはかりました。

1772年、イギリスのダニエル・ラザフォード（1749〜1819）は、呼吸や燃焼によってふつうの空気から取りのぞかれた残りの気体が、不燃性で、この中では動物が生きられないことから「毒空気」と名づけました。これは窒素です。

1774年に、イギリスのジョゼフ・プリーストリ（1733〜1804）が『各種エアについての実験と観察（Experiments and Observations on Different Kinds of Air）』という本を出しました。プリーストリはいろいろな気体を水銀上置換で集めて性質を調べました。水に溶けやすくて水上置換では集められない気体も、これなら集めることができます。

プリーストリは、二酸化炭素を水に溶かした水が天然の炭酸水と同じ味がすると述べています。つまり、人工のソーダ水（炭酸水）を飲んだ最初の人がプリーストリといっていいでしょう。水に溶かすと塩酸になる塩化水素ガスやアンモニアガスも調べていますが、最大の発見は酸素ガスの発見です。

金属の水銀は、皿に入れて加熱すると少しずつ蒸発していきますが、表面に黄赤色の皮のようなものができます。これが水銀灰です。いったんできた水銀灰は、もっと高い温度で加熱するとまた金属の水銀に戻ります。プリーストリは、水銀灰から酸素ガスを分離したのです。まず、水銀を入れた試験管のような管に水銀灰を入れて、水銀が満ちた容器に逆さに立てます。水銀灰は水銀より軽いので管の頂上にいきます。そこで、管の頂上にたまった水銀灰に、大きな凸レンズで太陽光を集めて加熱しました。すると、水銀灰から気体が出て管の上部にたまりました。

プリーストリがその気体を取り出してロウソクの火を入れてみたところ、ロウソクはまばゆい光を出して激しく燃えました。1774年8月1日のことでした。ハツカネズミを、この気体の中に入れても元気に動き回っていました。プリーストリはこの気体に「脱フロギストン空気」と名づけました。

実はプリーストリより1年早くスウェーデンの化学者カール・シェーレ（1742〜1786）が、やはり水銀灰から同じ気体を発見し「火の空気」と名づけていました。酸素ガスは、シェーレのほうが早く発見したのに、印刷所の手抜かりでプリーストリの研究のほうが先に発表されてしまったのです。

「脱フロギストン」にしろ「火の空気」にしろ、この気体の名前のつけ方には、ボイルの火の粒子説やフロギストン説の影響があったことがわかります。

†人間嫌いのキャベンディッシュ

固定空気（二酸化炭素）の密度をはかったヘンリー・キャベンディッシュはさまざまな科学研究の成果をあげた優れた化学者でした。

ケンブリッジ大学の代表的な物理学の研究所であるキャベンディッシュ研究所に、その名前がつけられたほどです。この研究所はキャベンディッシュとその一族の功績をたたえて、学者であり産業家でありケンブリッジ大学総長でもあった第7代デヴォンシャー公ウィリアム・キャベンディッシュの寄付に基づいて設立されました。キャベンディッシュ研究所は、オックスフォード大学のクラレンドン研究所と並び称せられる有名な研究所です。

1731年、ヘンリー・キャベンディッシュは、イギリスの貴族チャールズ・キャベンディッシュの長男として南フランスのニースで生まれました。ニュートンの没後4年目のことです。ケンブリッジ大学で4年間学びましたが、卒業試験を受けないで大学をやめてしまいました。

その後、父と伯母の莫大な遺産で、イングランド銀行最大の株主になるなど巨万の富を持ちましたが、金銭にはまったく無関心で、遺産のために科学研究が自由にできることを喜びました。

キャベンディッシュはとても風変わりな人で、神経質で内気（人間嫌い）でとくに女嫌いでした。その内気さは病的なほどだったと言われます。旧式の服装で通し、「彼の人生の目的は人の注意を引かないことである」と噂されたほどです。女嫌いは徹底しており、目を合わせたメイドを解雇したり、メイドと階段ですれ違ったことから直ちに家の裏に女性専用の階段をつくらせたりしました。もちろん、一生独身でした。

友人は少なく、ほとんどは科学者でした。彼の社交といえば、王立協会のクラブで食事をすることと、王立協会会長のジョセフ・バンクスが行っていた土曜日の午後の集まりに出かけることくらいでした。そのときも、人から話しかけられることは好みませんでしたから、一緒に参加していた人らは彼に話しかけることもしないで、見て見ぬふりをしていました。

彼の肖像画はたった一枚しか残っていません。ロンドンの大英博物館にあります。この肖像画は画家のアレクサンダーによって描かれました。アレクサンダーは、王立協会会長のバンクスに、「私を王立協会の昼食会に招待してください。席はキャベンディッシュさんがよく見える場所にしてください」と頼み、聞き入れられました。こうして、アレクサンダーは、キャベンディッシュの姿・顔をスケッチすることができました。

ヘンリー・キャベンディッシュ

†エキセントリックな化学者の偉大な功績

キャベンディッシュは、自分の業績も、それをことさら世に訴えようなどとは思ってはいなかったようです。水素の発見、水や空気の組成の決定、万有引力定数の測定、電磁気学の実験など、物理・化学の分野で多くの業績を残しましたが、その大部分は死後になって発表されたものです。

1781年、キャベンディッシュは、金属と酸の反応で軽い気体が発生すること、その気体と空気の混合気体に火をつけたら爆発して水ができることを発見しました。

キャベンディッシュは、フロギストン説を信じていました。彼は実験で発生した軽い気体をフロギストンそのものと考えたり、フロギストンと空気とが結びついたものだと考えました。

窒素と酸素を結びつけて水に吸収させると硝酸が得られます。空気中からこれらの方法などを使って酸素と窒素を取り除くと、のちにアルゴンと呼ばれる物質が容器内に残ることを、彼はすでに示していました。

あるいは、キャベンディッシュは、実験によって、地球の重さ（質量）を求めた最初の人でした。1797年から翌年にかけて、とても細心に微小な引力をはかったのです。長さ186センチの木製の竿の両端に730グラムの小鉛球をつけ、160キロの大鉛球との距離22・5センチで働く引力を、実験室内で測定しました。その引力は非常に弱く、小鉛球にかかる重力のおよそ5000万分の1というものでしたが、この結果から、地球の質量60垓（がい）トン（60兆トンの1億倍）や、地球の平均密度5・448グラム／立方センチを得て、1798年に報告しています。地球の質量は実験室内で求められたのです。

当時は万有引力定数を求めようという意識はなかったのですが、その後、キャベンディッシュの実験データから万有引力定数が求められました。

第五章

ラボアジェの化学革命、ドルトンの原子論

「化学革命の父」とよばれたアントワーヌ・ラボアジェ（1743〜1794）は、ジョゼフ・プリーストリが「脱フロギストン空気」、カール・シェーレが「火の空気」とよんだ空気中の気体を「酸素」と名づけ、燃焼は可燃物と酸素が結びつくことだという燃焼理論や、「元素はもはやこれ以上、化学的には分解できない基本成分」として33の元素表を発表するなどして、新しい元素観を確立しました。こうして化学は、錬金術からしっかりと自然科学の仲間になりました。また、原子論はしだいに受け入れられていましたが、19世紀にはイギリスのジョン・ドルトン（1766〜1844）によって近代的な原子論が提唱され、原子量が求められるようになりました。

†フロギストン説を倒したラボアジェの化学革命

プリーストリより10年後、シェーレより1年後の1743年にフランスの化学者アントワーヌ・ラボアジェが生まれました。プリーストリもシェーレも、新しい物質を求めて実験をくり返して、さまざまな物質を発見しましたが、ラボアジェが発見した物質はありません。しかし、彼は「化学革命の父」「近代化学の父」とよばれています。酸素のはたらきを明らかにして燃焼理論を確立し、元素の概念を明らかにし、科学的な命名法を確立して化学の基礎を築いたからです。

ラボアジェが29歳のときに行った実験に「ペリカン実験」とよばれるものがあります。彼は、実験用にガラス細工の職人に変わった形のガラスびんをつくってもらったのですが、そのガラスびんを「ペリカン」とよびました。

ガラスや陶器製の皿で水を長い間熱していると、白いふわふわした沈澱ができ、水を完全に蒸発させると後に白い粉が残ります。そのため当時、多くの学者たちは、「水を熱すると土になる」と信じていました。ラボアジェのペリカン実験は、このことを確かめるために行われました。

アントワーヌ・ラボアジェと夫人のマリー・アンヌ。夫人は化学や絵画を学び、ラボアジェの研究の手助けをした

何度も蒸留した純粋な水を、ペリカンに入れて101日間熱し、沸騰し続けました。沈澱がたくさんできました。冷ましてから、全体の重さをはかります。次に沈澱をろ過してからよく乾かして重さをはかります。ろ過した水にも、これから土になろうかとするものがふくまれているだろうからと水を蒸発させ

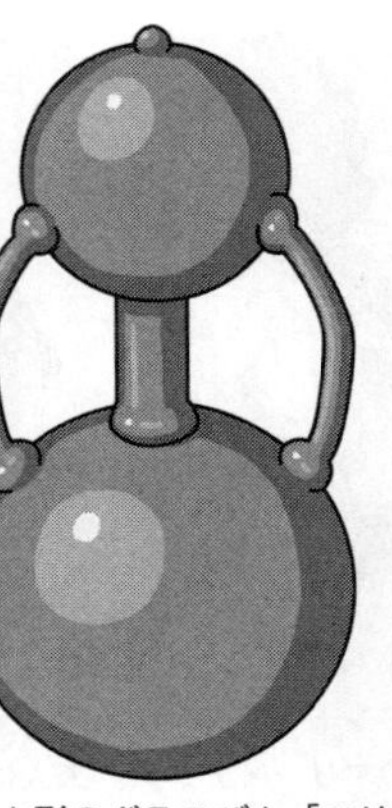

変わった形のガラスびん「ペリカン」

て、できた沈澱の重さをはかりました。ペリカンもよく乾かして重さをはかりました。結果は、ろ紙でこし分けた沈澱プラス熱した水からできた沈澱の重さと、元のペリカンよりも軽くなった分が同じでした。つまり、水が土になったのではなく、ガラスびんのガラスが溶けて沈澱になったのだ、ということが確認できたのです。

ラボアジェは、化学の研究で、高精度の天びんを活用して重さを追究することで化学変化を調べる方法を身につけていました。

†フロギストン説を追放した燃焼理論の確立

ラボアジェは、かつてロバート・ボイルが、「レトルトの中で金属のスズを灰化させたら重くなったのは、火の微粒子がガラスを突き通してレトルトに飛び込んでスズに結びついたから」と説明した実験をやってみました。スズが入ったレトルトの口を封じて重さをはかり、次に凸レンズでスズを熱して灰にしてから、熱するのを止めて全体の重さをはかると変わっていませんでした。そこでラボアジェは、灰が重くなったのはレトルト内の空気がスズに吸収されたからだと考えました。

次にリンでも実験してみました。水銀に浮かべた小皿にリンを置いて燃やしました。リンは燃えた後、白い粉になりましたが重さは増えていました。空気は約5分の1減っていて、残った空気はもう燃焼を起こす性質はありませんでした。

1774年10月のある日、イギリスからプリーストリがパリにやってきたので歓迎会が開かれました。プリーストリは、そこで「脱フロギストン空気」の話をしました。その話を聞いて、ラボアジェは、熱せられた金属やリンと結びつくのはこれではないかと考えました。

この考えを確かめるために、ラボアジェは図のような実験装置を組み立てました。

水銀が入れられたレトルトの口は、水銀にかぶせてあるつりがね状のガラス鐘の中に開いています。つまり、レトルトには水銀と空気が閉じ込められた状態になっています。来る日も来る日も、夜も昼も炉でレトルトを熱し続けました。ガラス鐘の中の空気の体積、水銀灰の重さをはかりました。そして、水銀灰を熱してできた気体（プリーストリがいう

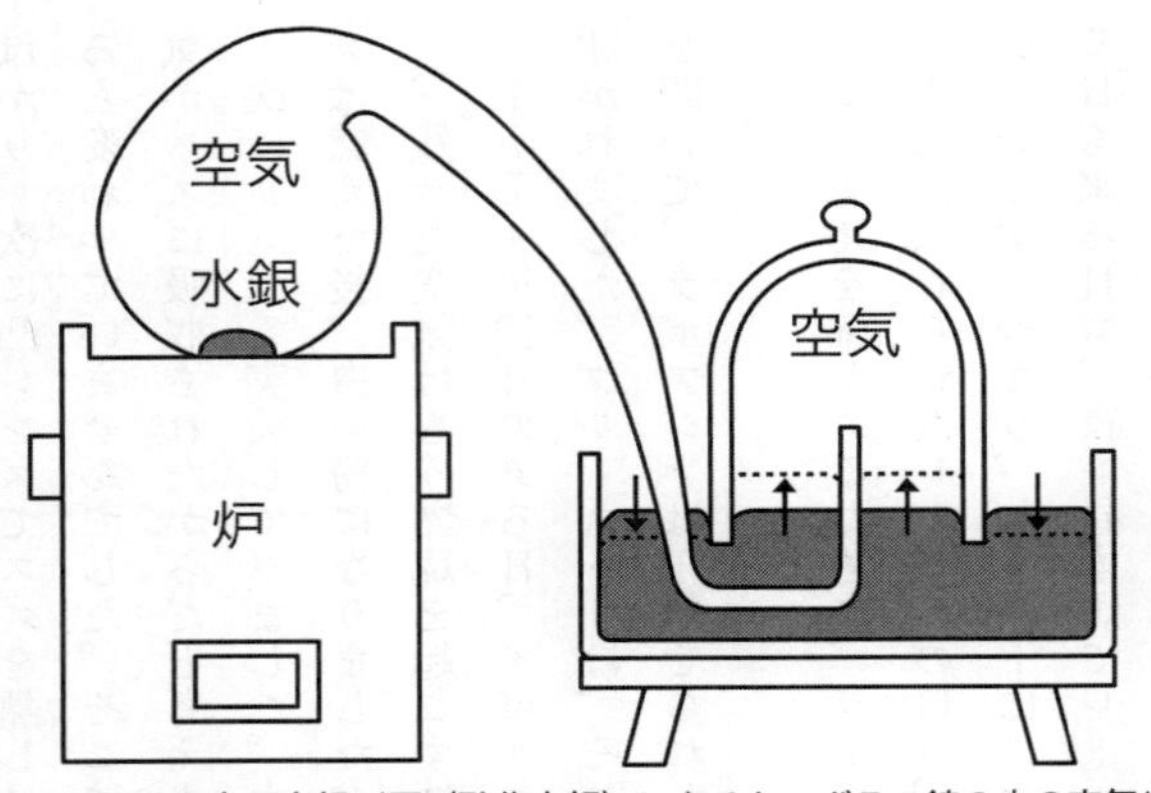

レトルトの中の水銀が灰（酸化水銀）になると、ガラス鐘の中の空気は減り、水銀面が上昇する。

脱フロギストン空気）の体積をはかります。すると、水銀灰ができたときに吸収された空気の体積と同じでした。

この結果を、ラボアジェは、「空気は、ものを燃やし、金属を灰に変化させる気体Aと、燃焼には関係のない気体Bからなっている」「燃焼のとき、燃える物質と気体Aが結びついて新しい物質ができる」と考えました。これでもうフロギストンを考える必要はなくなりました。

ラボアジェは気体Aに、とりあえず「生命の空気」という名前をつけましたが、それをやめて酸素ガスという名前をつけました。

ラボアジェの燃焼研究では、大きなレンズで太陽光を集めてダイヤモンドも燃やしています。ダイヤモンドは燃え尽きると二酸化炭素になります。なお私は、ダイヤモンドを入れた石英管に酸素を通しながら熱して、燃えだしたら熱するのを止めても燃え続ける実験セットを開発しています。

炭素、硫黄、リンなどが燃えると二酸化炭素（炭酸ガス）、二酸化硫黄（亜硫酸ガス）、十酸化四リン（リン酸）といった酸性の物質になるということから、「酸をつくるもの」の意味のギリシア語から酸素という名前にしたのでした。後に、塩酸（塩化水素の水溶液）には酸素がふくまれておらず、酸の素は水素ということが判明します。

†元素の定義と体系的な命名

ラボアジェは、ボイルの元素の考えをもとに、元素を次のように定義しました。

「元素とは分析によって到達できる終着点である」

元素はもはやこれ以上、化学的には分解できない基本成分ということです。ラボアジェは、分析技術などの発達によって、それ以前は分解できないで元素と考えられた物質も、化合物であることが証明される日がくるだろうと予見しました。現在、いくつかの元素が結びついている物質である化合物に対して、ある元素だけからできている物質を単体といいます。

ラボアジェは、たとえばエキセントリックな化学者ヘンリー・キャベンディッシュが発見していた「燃える空気」は単体に違いないと考えました。それは酸素と結びついて水になります。水（水蒸気）を、熱した鉄のパイプを通すことで水素をつくることができます。その水素はもう別の物質にできません。だから「燃える空気」は「水をつくる元素＝水素」とよぶことにしました。

ラボアジェによる1789年の著書『化学の基本の講義――新しい系統で述べられ、最近の発見に基づく』を日本語に完訳した『古典化学シリーズ4　化学のはじめ』（田中豊助、原田紀子〔共訳〕、内田老鶴圃新社）には、ラボアジェが作成した元素表があります。その本にあげられた33の元素のうち、「マグネシア」「石灰」をふくめた8つは、後に化合物であることが明らかになりました。

その本の元素表の完全な間違いは「熱」（カロリック）と「光」の二つを元素にしたことでした。元素の「熱」は、重さはないが液体や気体と同じようにふるまうと考えられていました。ラボアジェは酸素ガスを、実際には酸素と熱からなる化合物という誤った考えを持っていました。熱や光が元素ではないことは、後に物理学者の手で明らかにされました。

ラボアジェは、元素概念を明確にしましたが、新しい元素は酸素や水素のように、もっぱらその化学的性質をもとにして命名するようにしました。また、化合物はそれを構成する元素の名前を組み合わせて名づけるようにしました。この命名法によって、「白鉛」は鉛と酸素からできているので「一酸化鉛」（現在では、酸化鉛〈Ⅱ〉）、「臭いガス」は硫黄と水素からできているので「硫化水素ガス」となりました。

†ラボアジェがギロチンにかけられた理由

1789年7月14日、パリの人々はバスティーユ監獄に殺到しました。ここからフランス革命が始まり、最後にはルイ16世がギロチン刑に処せられ、共和制が宣言されました。

ラボアジェは、化学の研究だけではなく、政府に代わって税金を取り立てる徴税請負人の仕事や、都市や政府の行政問題にもかかわっていました。

革命の数年前、野心に燃える若いジャーナリスト、ジョン＝ポール・マラーが、科学アカデミーに論文を提出したことがありました。その内容は火の性質についてのもので、フロギストン説が華やかなころなら注目されたかもしれませんが、ラボアジェの研究以降ではナンセンスなものでした。ラボアジェには、その論文には科学的価値はないと宣告する役目が回ってきました。ラボアジェへの恨みを絶対に忘れない、敵をつくってしまったのです。

ジャコバン党の主要メンバーになっていたマラーは、ラボアジェを強く攻撃しました。ジャコバン党が権力を握るやいなやラボアジェは逮捕され、翌年裁判にかけられました。裁判官は「共和制に科学者はいらない」といって死刑を宣告しました。そしてその日のうちにギロチンにかけられたのでした。享年50歳でした。

†ラボアジェの化学革命に続いたのはドルトン

理科教科書の原子の話には、かならず名前が登場するのがイギリスのジョン・ドルトンです。

貧しい農家に生まれた彼は、家計を助けるために、なんと12歳のときには塾を開いて、その教員になりました。その後、一時ちゃんとした学校の教員になりましたが、ほとんどは小さな塾で教える教員として過ごしました。

熱がエネルギーの一種であることを明らかにした「ジュールの法則」で有名なイギリスの物理学者ジェームズ・ジュール（1818〜1889）は、ドルトンの個人教授を受けた生徒の一人です。

勤めると何やかやと用事があります。彼は、その時間が惜しくてわずか6年間で辞めてしまいます。一生独身を通し、子どもたちに科学と数学を個人教授して生計をたて、ぜいたくを嫌い、質素に暮らしました。日課は非常にきちんとしていて規則的だったために、近所の人は彼の通行に合わせて時計を直したほどでした。

†気象の研究から原子論へ

ジョン・ドルトン

ドルトンは気象観測が好きないとこの影響で、自分で気象観測器具をつくって、気圧や気温などを毎日はかって記録するようになりました。これは大変気に入ったとみえて死の直前まで56年間も記録されました。

彼は気象観測から大気と気体について考えるようになりました。

当時、化学の世界では密度が違う酸素と窒素が、高度が違っても同じように混じり合うのはどうしてかということが大きな謎でした。

ふつうに考えるなら大気の底部には密度が大きな酸素が、その上にそれより少し密度が小さな窒素が層をつくるはずだ、それなのに事実としてはこれらの気体がどこでも同じ割合でふくまれているということがわかっていました。

後にドルトンは、1810年に王立研究所で行った講演を準備するためのノートに、

「長い間、気象観測を続けてきた私は、大気の性質や成分について、いろいろ考えをめぐらしてきた。ことに私が不思議に思ったのは、2種類、またはそれより多くの種類の気体が混ざってできている空気に、これらの気体がどこでも同じ割合でふくまれていて、体積と圧力の関係なども、同じ法則に従うことであった。

ニュートンの『プリンキピア』を読むと、気体は微粒子、すなわち原子からできていて、この微粒子同士が近づくと、はね返し合う、と書いてある」

と書いています。当時の有力な説は、大気をつくっている気体はある種の化学結合をして存在しているというものでした。

ドルトンは、密度が違う酸素と窒素が、高度が違っても同じように混じり合う理由を、ニュートンの原子の考えで何とか説明したいと思ったのです。

ドルトンが想像した原子と化合物

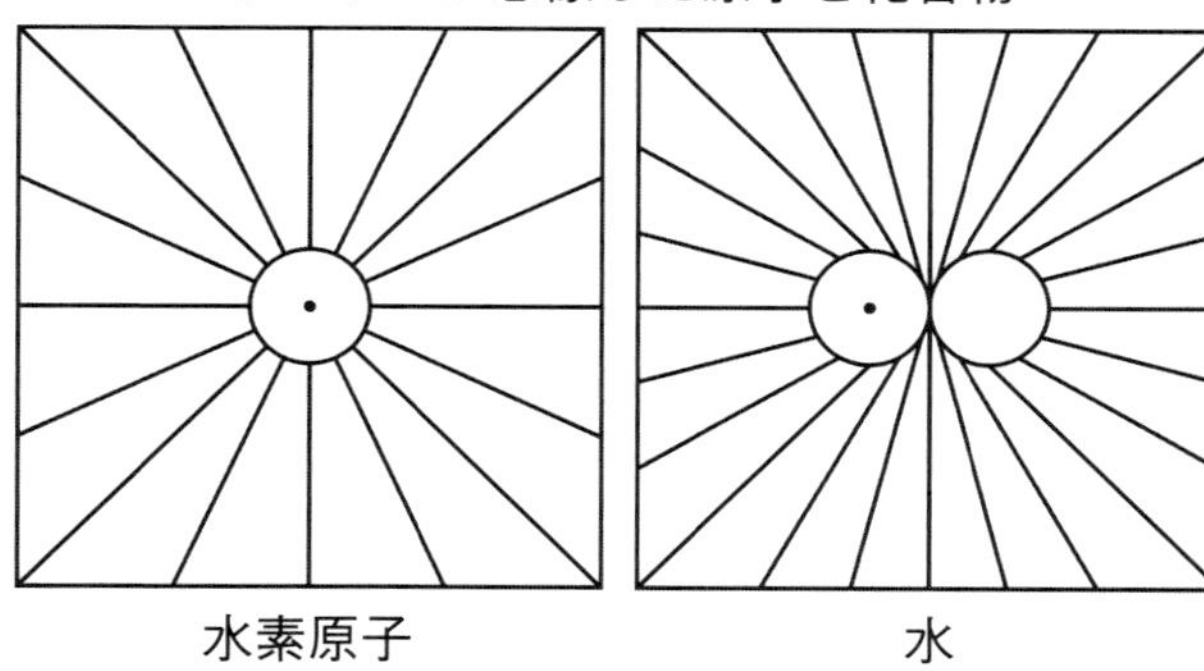

そのとき、ドルトンは次の2点を一貫して考えて解決しようとしました。

1、気体はその物質の種類によって決まった粒子からできている。酸素ガスは酸素原子から、水蒸気は酸素原子と水素原子が結合した粒子からできているように。

2、原子（複合原子、つまり分子もふくめて）は、自分のまわりに地球の大気のように熱素の雰囲気を持っている。この熱素雰囲気が粒子間の反発力の原因である。

いろいろな実験と考察を試みた結果、彼が到達したのは「酸素と窒素などは、原子の大きさが違うのではないか」という考えでした。ここでドルトンが言う「原子の大きさ」とは、中心の固い粒子とそのまわりにある熱素雰囲気の全体をひっくるめたもののです。その熱素は、成分が1種類の気体の中では、どの原子もみな同じ大きさだから密着して静止していると、ドルトンは考えました。そこへ異なる気体の原子が入ると、大きさが違うので密着して静止することができずに拡散し、ついには均質な混合気体になってしまうというのです。

ドルトンは、こうして「原子はその種類に応じて決まった大きさを持つ」という仮説に達しました。

†原子量を求める

1802年、ドルトンは友人のウイリアム・ヘンリー（1775〜1836）と共同研究を行い、水に対する気体の溶解度がその圧力に比例すること（ヘンリーの法則）を明らかにしました。さらに翌年、気体の種類によって溶解度が異なる理由を、気体の「原子の重量と数」の違いに求めました。

気体の溶解度を比べてみると、重い気体（たぶん重い粒子からできている）は、溶解度は大きいようだ、粒子の重さと溶解度には関係があるにちがいない、それを知るには各原子の重さを求めればいいのではないかと考えました。そこで一番軽い気体である水素ガスの水素原子の重量を1としたら、酸素や窒素はそれぞれ何倍の重量を持っているか、を求めようとしました。これは、今日で言えば「原子量」を求めることです。

前提は、すべての物質は、みなそれぞれに、重量も形も完全に同じ原子からできている、ということです。

水素と酸素は重量にしてほぼ1対8の比で化合して水になります。ドルトンは実験があまりうまくなかったので、最初は1対5・5、後に1対7としていましたが、ここでは正しい1対8の比にしておきましょう。

水素原子や酸素原子が何個ずつ結びついて水になるかはわからなかったので、原子数の比を1対1と仮定しました。ということは、水素原子の重量を1とすれば、酸素原子は8になります。そこで、水素の原子量は1、酸素の原子量は8になります。正しくは、水素の原子量は1、酸素の原子量は16ですから、ドルトンの考えには間違いがあります。それは、最単純性の原理という仮定（二つの元素からただ一つの化合物ができる場合は、その結びつく原子の数の比は1対1である）の上に立っていたからです。

1803年9月6日、ドルトンは、世界最初の原子量表をノートに書き込みました。奇しくもその日はドルトンの誕生日でした。理論の内容については文芸哲学協会で何度か口頭発表をした後、1805年に「水および他の液体による気体の吸収について」という論文の中で発表しました。

その論文では、「物体の究極粒子の相対的重量の探究は、私の知る限りにおいてまったく新しい課題である。私は最近この探究を押し進めてゆき目覚ましい成果を得た」と述べています。

さらに、ドルトンは、化学に関する学説を『化学の新体系』（全二部、第一部を1808年に出版）にまとめました。そこには原子量について10頁の記述があります。

†プルーストとベルトレの論争

ドルトンが算出した原子量は、現代のそれとはひどく違っています。その違いの大きな原因が、物質をつくっている原子数の比を恣意的に決めていたことでした。

当時、化学の世界では、フランス人のジョゼフ・プルースト（1754〜1826）が「一定組成の法則」を1799年に発表していました。これは、定比例の法則ともいい、化合物はみなそれぞれに一定の元素組成を持つとする法則です。

プルーストは、化学の大家クロード・ベルトレ（1748〜1822）と激しい論戦の火花を散らしていました。ベルトレは組成が連続的に変わる化合物の系列をいろいろつくって見せて一定組成の法則を攻撃したのです。結局最後にはプルーストは、それが2種類の混合物で、それぞれを純粋にすれば一定組成の法則に従うことを証明し、勝ち名乗りを上げました。その間に8年間の月日が流れていました。ただし、後に一定組成の法則に従わない化合物もたくさん見つかりました。それらを不定比化合物（ベルトライド）とよんでいます。

この一定組成の法則は、ドルトンの原子論にとっても強力な後ろ盾になり、また逆に原子論によって、プルーストの勝利が支援されたのです。

ドルトンは同じ二つの元素からなる数種の化合物では、一つの元素に対する他の元素の重量は互いに整数比にあるという「倍数組成の法則」（倍数比例の法則）を発見しましたが、この法則も、物質が原子からなっていると考えると理解しやすいものです。

†原子量発表当時の反応と今日への功績

結局、ドルトンは、原子量表を提出したものの原子量を正しく求めることはできませんでした。なぜなら、二つの元素からただ一つの化合物ができる場合その結びつく原子の数の比は1対1であるという仮定（最単純性の原理）をおいてしか原子量を算出できなかったからです。当時も実験的に証明されていない最単純性の原理という仮定には強い批判がありました。

ドルトンの功績は、その原子量は不十分であったにもかかわらず、化学の研究において原子量を探究することが大変重要だと見抜いて、その後の原子量の探究の火付け役になった点にあります。ドルトンたちが打ち立てた原子論は、以後の化学の発展の基礎となりました。

ドルトンの原子量がきっかけとなり、その後100年の長きにわたって原子量探究がくり広げられました。現在では、原子量は非常に正確に算出されています。

ドルトンの唱えた原子論は、現在、中学理科で学習します。次のような内容です。

〝地球上のあらゆる物質が原子からできています。生物の体、つまり、私たちの体も原子からできています。

原子は、次のような性質を持っています。

・原子は非常に小さい

・原子は非常に軽い

・原子は簡単にそれ以上分けることができない

・同じ種類の原子は、すべて同じ大きさで同じ質量である。種類が違うと大きさや質量が違う。つまり、原子は、種類によって質量や大きさが決まっている

・原子は、簡単に他の種類の原子に変わったり、なくなったり、新しくできたりすることはない〟

†アボガドロの法則と分子の概念

酸素ガスや水素ガスの分子はO、Hなのか？ O_2、H_2なのか？ 水の分子はHOなのか？ H_2Oなのかは、化学者を悩ませていました。このことがはっきりしないと正しく原子量を決めることができません。現在では酸素ガス、水素ガスや水の分子はO_2、H_2、H_2Oとわかっていますが、このことが問題になってから化学者が確かめるまでに半世紀近くも必要でした。

ドルトンが原子量の決め方を初めて発表してから8年後の1811年、イタリア人のアメデオ・アボガドロが「アボガドロの法則」を発表しました。それは、「どの気体も、温度と圧力が同じなら、同じ体積の中に、同じ数の分子をふくんでいる」というものでした。

また、水素、酸素などの気体は原子が2個結びついた分子からできているとしました。

このアイデアは発表当時あまりインパクトを持ちませんでした。しかし、1860年にドイツのライン川に沿ったカールスルーエという町で開かれた国際会議にイタリアから参加したスタニズラオ・カニッツァーロがアボガドロの法則を紹介したことで化学者たちに影響を与えました。

アメデオ・アボガドロ

アボガドロの法則により、同じ温度、同じ圧力、同じ体積中の気体には、同じ数の分子がふくまれているので、同じ温度、同じ圧力で、同じ体積の気体の重さを比べれば、分子1個の相対質量（分子量）を求めることができます。
気体の水素は水素原子が2個結びついた分子、気体の酸素は酸素原子が2個結びついた分子からなると考えると、水素原子の相対質量（原子量）を1とすれば、酸素原子の相対質量（原子量）は16となります。
その後、分子は、原子が結びついてできている物質の基本構成単位とされました。一般には、複数の原子が結びついたものです。たとえば、酸素O_2、水素H_2、窒素N_2、塩素Cl_2などはそれぞれの原子が2個結びついた分子からできています。二酸化炭素CO_2は、炭素原子1個、酸素原子2個。水H_2Oは、水素原子2個、酸素原子1個。ショ糖$C_{12}H_{22}O_{11}$（砂糖の主成分。正式名称はスクロース）は、炭素原子12個、水素原子22個、酸素原子11個が結びついた分子からできています。

かつては、すべての物質が単純な分子を基本単位としていると考えられていましたが、金属やイオンからできている物質（塩化ナトリウムなど）は、比較的少数の原子からなる独立した分子は存在しないことがわかってきました。

現在の元素記号を考えたベルセリウス

原子の種類をアルファベットの記号で1文字か2文字で表しているのが元素記号です。原子の種類は約100種類。それなのにアルファベットは26文字ですから、1文字では26種類までしか表せません。2文字のものもあるのです。

ドルトンは、元素（原子）を○の記号で表しました。○のなかに点を入れたり線を引いたり塗りつぶしたりしてお互いを区別したのです。たとえば、酸素は○で、水素は○の真

ドルトンが考案した元素記号

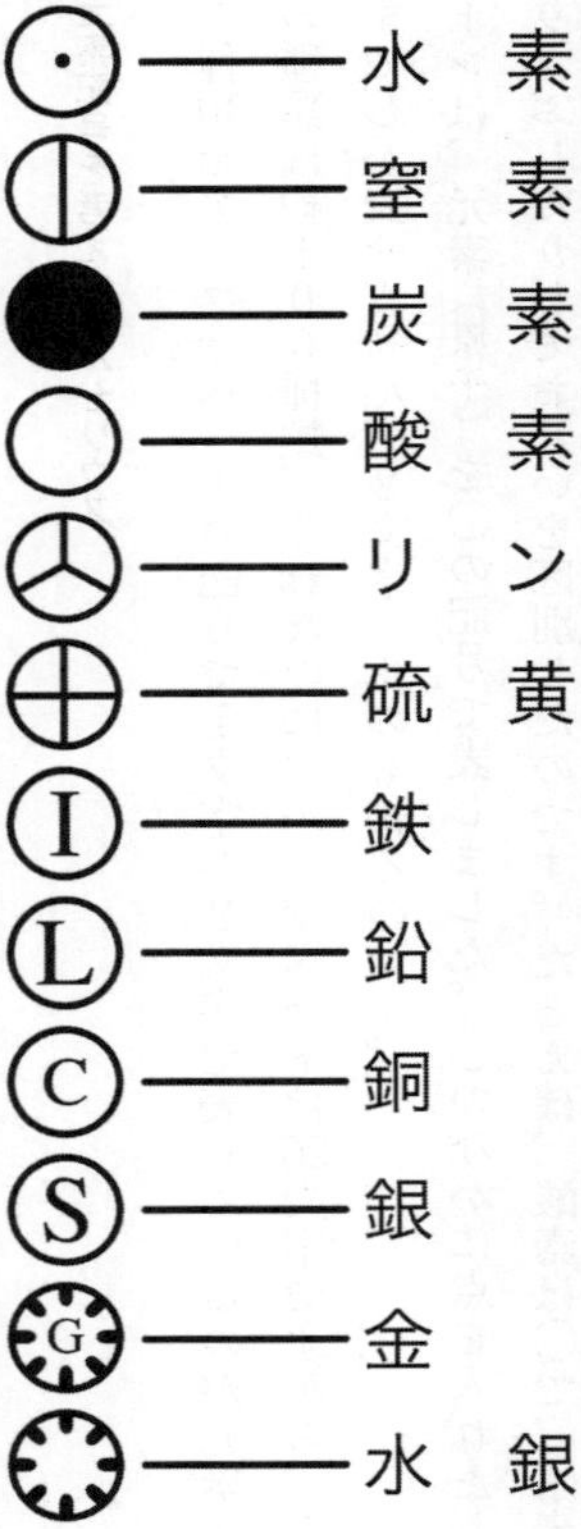

水素
窒素
炭素
酸素
リン
硫黄
鉄
鉛
銅
銀
金
水銀

ん中に点が打ってあります。炭素は○を黒く塗りつぶした黒丸（●）です。硫黄は○の中に十文字の線が入っています。ドルトンがこんな記号を考えたのは、1803年のことです。

ところが、その10年後にスウェーデンのイェンス・ベルセリウス（1779〜1848）という化学者が、元素を一つあるいは二つのアルファベットの頭文字で表わす方法を考え出しました。

当時、ドルトンは、原子は丸い粒だということにこだわって、このベルセリウスの表し方には反対でした。死ぬまで拒否し続けたほどです。その批判は「ベルセリウスの記号は、原子論の美しさと簡潔さとをくもらせる」というものです。

しかし、ベルセリウスの元素記号のほうがはるかに便利だったので、ドルトンの記号は見捨てられてしまいました。

元素記号は、はじめ元素名の頭文字だけを大文字で表したが、新元素が続々と発見され、同じ頭文字のものができたので、頭文字とそれに続く文字の中の1字を使って、2文字でも表すようになりましたが、これはドルトンの表し方より優れていました。現在でもベルセリウスの元素記号が使われ、これは万国共通です。

水素のHはギリシア語の「水をつくるもの」の頭文字から、炭素のCはラテン語で「木炭」の頭文字から、酸素のOはギリシア語で「酸をつくるもの」の頭文字からです。金のAuは、言葉の発祥が気象現象のオーロラと同じラテン語Aurum（アウルム）から来ています。金の輝きを原子記号に込めたのです。銀は、もっとも光の反射率の高い金属で、みがくとプラチナよりも強い輝きを出すことができます。そこで、銀のAgはラテン語で「白い輝き」を意味する言葉Argentumから来ています。銅のCuもラテン語由来です。当時、銅は地中海のキプロス島で産出したので、キプロスの地名が記号になったのです。水銀の

Hgは「液体の銀」を意味するラテン語からとられました。

他にも人名、国名など、元素の語源はさまざまな由来でつけられています。

†ベルセリウスの電気化学的二元論

ベルセリウスは、1800年にイタリアのアレッサンドロ・ボルタ(1745～1827)が発明した電池を使って、さまざまな溶液を電気分解しました。

たとえば硫酸銅水溶液では、銅が陰極に、酸素が陽極に出てきます。ベルセリウスは、「硫酸銅の成分である銅は電気的にプラス(+)である」と考えました。他の化合物でも同じような結果が得られたので、ベルセリウスは、「すべての化合物は電気的に(+)の成分と(-)の成分からできていて、それぞれが持つ反対の電気によって結びついている」と考えました。この考えを「電気化学的二元論」といいます。この考えは電気分解の事実に合っていたし、酸と塩基からつくられる塩の成分の結びつきを説明できましたが、有機化合物や水素や酸素が二原子分子であることなどと合いませんでした。

電気化学的二元論は、現在では、陽イオンと陰イオンによってできるイオン結合という限定的な場面で生き残っています。

†ドルトンの色覚研究

ドルトンが最初に取り組んだ研究は、色覚の研究でした。自分が生まれつきの色覚異常（赤緑色覚異常）だったのです。彼には、赤、だいだい、黄、緑が区別できず、どれも灰色またはくすんだうす茶色としか見えませんでした。そのために、母親に青みがかった灰色の地味な靴下を贈ったつもりが真っ赤な派手な靴下だったなどという失敗談がいくつも残されています。

ドルトンは自分が色覚異常なのは、目の内部にある液体が光の中の赤い部分を吸収してしまうからだと信じていました。そこで、自分が死んだら目をとり出して調べてほしいと遺言しました。ドルトンの死後、実際に友人の医師ランサムは、彼の目を一つ取り出して調べた結果、彼の考えは違っていることがはっきりしました。彼にちなんで赤緑色覚異常のことを英語でドルトニズムとよんでいます。

†現在の原子量

原子があるかどうかもわからない時代、科学者たちは想像力と実験事実をもとにした論理で、原子の重さ（質量）を決めていきました。

その方法は、どれか一つの原子の重さを標準にとったとき、他の原子はどのようになるか（標準の原子と比べて何倍になるか）というものでした。それで得られる原子の重さは、ある原子が何グラムというような絶対的なものではなく、原子の相対的な質量です。このような原子の相対的な質量を「原子量」といいます。大ざっぱに言えば、原子量は、もっとも軽い水素原子の重さを1として、知りたい原子が水素原子の何倍重いかということです。

標準の原子として、最初は一番軽い水素原子を1とし、次に酸素を16としたりしていましたが、1961年以降は「質量数（＝陽子数＋中性子数）12の炭素原子の質量を12」としています。

ですから、各原子の相対質量は、原子1個の質量÷1個の炭素12の質量×12になります。たとえば、水素原子（質量数1）の相対質量は、水素原子1個が1.67×10^{-24}グラム、1個の炭素12が1.99×10^{-23}グラムなので、1.67×10^{-24}グラム÷1.99×10^{-23}グラム×12＝1.00となり、炭素12の12分の1であることがわかります。

天然に存在する多くの元素は、複数の同位体をふくみ、その同位体の存在比は1定に保たれています。そこで、平均の相対質量を持つ原子を仮定して、元素の相対質量、つまり元素の原子量とします。

たとえば塩素では、質量数35の塩素35と質量数37の塩素37がそれぞれ75・8パーセント、24・2パーセント存在しています。そこで、各同位体の相対質量に存在比をかけて加え合わせ、平均を出して原子量を求めます。35に（75・8／100）をかけたもの、37に（24・2／100）をかけたものを足すと、塩素の原子量は35・5となります。

†酸の正体は水素イオン

燃焼理論の確立者アントワーヌ・ラボアジェにより近代化学の門が開かれると、酸の本体をその構成元素に求めようとする傾向があらわれました。ラボアジェは、酸を特徴づける元素として〝酸素〟を考えました。当時、酸とは、酸性酸化物に中性の水が結合したものと信じられていました。酸は必ず酸素をふくみ、酸性の原因は、酸素と、元素の非金属性にあると考えられていたのです。

食塩と硫酸を原料につくられる塩酸も、当然酸素を持つ化合物であることと信じられました。ところが、塩酸は酸素を持たず、塩化水素の水溶液であることがわかったとき、化学者の間にはとまどいがおこりました。

酸の持つ共通な性質は何か、ということで有機化学の元祖ユストゥス・フォン・リービッヒは、「金属元素で置換される水素がある化合物」として酸を定義しました。たとえば、亜鉛は硫酸と反応して、硫酸亜鉛と水素になります。つまり、硫酸の水素は亜鉛置換されて分離しています。このように、酸の水素が金属で置換されると、酸性がなくなったり弱くなったりします。

したがって酸性は、水素によることが明らかになりました。

しかし、水素を構成要素として持つすべての化合物が、酸性を持っているわけではありません。たとえば、メタン CH_4 は4個の水素原子を、エタノール C_2H_5OH は6個の水素原子を持っていますが、亜鉛のような金属で置換できる水素原子は1個もありません。

この違いがはっきりしたのは、19世紀末に、スウェーデンのスヴァンテ・アレニウスが「電離説」をとなえるようになってからです。塩化ナトリウムのように、その水溶液が電気を流す物質を電解質といいます。電離説では、たとえば電解質の塩化ナトリウムが水溶液中でナトリウムイオンという陽イオン（正の電気を持っているイオン）と塩化物イオンという陰イオン（負の電気を持っているイオン）に電離しています。

電離説では、酸とは水溶液中で水素イオンを与える物質である、ということになります。つまり、酸であるかどうかは、物質を構成している水素原子が、水溶液中で電離して、水素イオンになるかならないかによって決まるのです。

酸性は、この水素イオンH^+（正確に言えば、オキソニウムイオンH_3O^+）によることが明らかになりました。こうして、アレニウスの酸の定義が市民権を得て、現在でも、水溶液中では、アレニウスの説がもっともわかりやすく、広く普及しています。

塩基とは、「塩をつくる基」と書くように、酸と中和して塩をつくる物質という意味です。化学的には酸の反対物質で、酸と中和して、塩と水を生じます（水を生じない場合もあります）。

アルカリのカリとは、灰という意味です。もともとは、陸の植物の灰（主成分は炭酸カリウム）および海の植物の灰（主成分は炭酸ナトリウム）をまとめて、アラビア人が名づけました。後に、「塩基のうち水によく溶けるもの（水酸化ナトリウム、水酸化カリウムなど）」に限定してアルカリとよぶようになりました。主としてアルカリ金属（周期表の1族のリチウムから下）、アルカリ土類金属（周期表の2族）の水酸化物を指しますが、しばしばアルカリ金属の炭酸塩とアンモニアもアルカリと呼んでいます。

第六章

新元素の発見と、周期表の〝予言〟

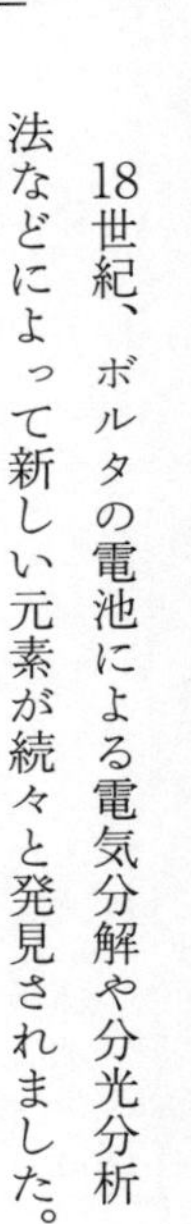

18世紀、ボルタの電池による電気分解や分光分析法などによって新しい元素が続々と発見されました。新しい元素を探し求める旅は、周期表の登場によって最高潮に達します。元素の原子量の増加に伴って、周期的に現れてくる元素の性質の類似性が周期表に体系化されたからです。

ハンフリー・デービー

†ハンフリー・デービーは7つの元素を発見

イギリスの化学者ハンフリー・デービー（1778〜1829）は、新元素としてナトリウム、カリウム、ストロンチウム、カルシウム、マグネシウム、バリウム、ホウ素を発見しました。

1807年、250枚もの金属板を使って、史上最強の電池をつくり、アントワーヌ・ラボアジェは分解できない元素と考えていた水酸化カリウムと水酸化ナトリウムの電気分解に取り組みました。最初はそれらの水溶液に電流を流しましたが、水の分解しかおこりませんでした。そこで、水を取り除き、加熱して融解させたものに電流を流しました。この方法で、金属のカリウムとナトリウムの小球を得ました。

カリウムは銀色の金属ですが、水に入れるとシューッと激しい音を出しながら水面をかけめぐり、発火して紫色の炎を出して燃え、最後にはじけ飛びます。これはカリウムと水が激しく発熱しながら反応し、水素と水酸化カリウムができたのです。私も高校生に化学の授業でリチウム、ナトリウム、カリウムと水の反応を見せていました。

当時の上流階級は化学の講演が流行し、ロンドンの王立協会で行われたデービーの講演は大人気でした。カリウムの実験なども見せていたことでしょう。デービーは話がうまく容姿がすぐれていたので貴婦人たちが押しかけたといいます。

†ファラデーを見出したデービー

私がロンドンの王立協会を見学したときに、もっとも感銘を受けたのは、マイケル・ファラデー（1791〜1867）が研究に使った物や実験ノートの展示です。階段教室では、ファラデーが行っていたクリスマスレクチャーの様子がイメージできました。

私はファラデーが大好きなので少し詳しくその生い立ちを述べてみましょう。

ファラデーは貧しい鍛冶屋の息子でした。学校に行ったのは13歳まででした。本屋と製本屋を兼ねたリーボーの店に徒弟奉公人（親方の家に起居して修業し、職業に必要な知識・技能を習得する年季奉公人）として入り、製本工の見習いになりました。製本というのは、印刷した紙をとじて表紙をつける仕事です。

そこで、製本の腕を磨きながら製本工程に入ってくる本を読みあさりました。とくに、彼の興味をひいたのは、ジェーン・マーセット（マーセット夫人）の『化学の会話』という化学をやさしく説明した本でした。マーセット夫人の本は初版が１８０６年に出て、１８５３年までには16万部も売れたといいます。

ファラデーは、マーセット夫人の本を参考に、なけなしの小遣いから薬品や道具を買いこみ、いろいろな実験もして、化学に目覚めました。

店の主人リーボーは彼をよく理解し、テータムという人が自宅で開いていた化学講演会を聞きに行けるようにしてくれました。話を聞いてはその記録を製本して自分だけの本をつくりました。この自作の本がたまたま王立研究所の所員ダンスの目にとまりました。ファラデーは、その本の出来栄えを見て感嘆したダンスから、当時ロンドンで有名になっていた王立研究所の化学者デービーの連続講演会の入場券をもらいました。

１８１２年10月に、７年間の徒弟奉公を勤め上げて一人前の製本工になりました。しかし、ファラデーはデービーの講演を聞いてからはさらに科学に興味をかき立てられ、なんとかして科学の仕事がしたいと思うようになっていました。科学の研究へのあこがれは強まるばかりでした。

最初はどんな低い地位でもいいから何か科学の仕事につきたいという希望を、当時の科学の世界に君臨していた、ときの王立学会の会長に手紙を書きました。しかし、何もしてもらえませんでした。

次にチャレンジしたのがデービーの講演の記録を清書し、ていねいに製本した本を添えて、デービーに手紙を書いたことです。「どんな低い地位でもいいから科学の職につきたい」と。1812年クリスマスの直前でした。

製本された本にファラデーの非凡さを見出したデービーから次のような返事がきたのです。

「ファラデー君、君の力作には大変感心しました。これだけでも君が熱心で、理解力も注意力もすぐれていることがよくわかります。……1月の終わりには帰りますので、それ以後ならいつでもお会いしましょう。私で役に立つことがあれば何なりと力になりたいと思います」

しかし、ファラデーは最初にデービーに会ったとき、現在欠員もないし、科学者で食っていくより製本工を続けた方がよいという忠告を受けました。がっかりしましたが、それから3か月後、実験助手が事故で辞めたので来る気があるか、と言われました。ファラデーはその話に飛びつきました。

ついに1813年3月、念願の科学に関係した仕事についたのです。21歳のときでした。

†ファラデーの大活躍とデービーの嫉妬

実験助手の仕事はつまらないものでした。デービーの講義の準備や後かたづけ、装置の掃除や点検などです。

勤めて7か月後に、デービーの夫人同伴での大陸旅行についていきました。英国と戦争状態にあった敵国への旅行ということで、召使いが同行を拒んだので、ファラデーが同行することになったのです。それは見聞を広げる機会になったのですが、つらいこともありました。気位の高いデービー夫人に下男のようにこき使われたからです。ファラデーはそれにも耐えました。

帰国後、実験助手をやっていくうちにファラデーの能力はデービーらに認められ、もっと上等な仕事を任されるようになりました。25歳になった1816年、「トスカナの生石灰の分析」を発表します。1821年には、二塩化エチレンの発見と電磁気回転（モータの原理）の研究、1822年には鉄合金の研究、1823年には塩素や硫化水素の液化、1825年にはベンゼンの発見と、重要な仕事をなしとげていきました。

着々と業績を上げていくファラデーに対してデービーは次第に警戒心と嫉妬を強めていきます。

1823年、ファラデーが王立協会の会員に推薦された時、会長はデービーでした。そのデービーだけがファラデーを会員にすることに反対したのです。デービーはファラデーに推薦を辞退するよう強要したり、推薦人たちに推薦を取り下げるよう頼んだりしました。しかし、すでに科学上の多大な業績をあげていたファラデーが会員に選出されることをとめることはできず、次の年会員の手による無記名投票が行われることになりました。反対票は1票だけで、ファラデーは念願の王立協会会員

マイケル・ファラデー

に選ばれました。その反対票を誰が投じたかはあまりにも明白でした。ついに32歳で、1流の科学者と対等な身分になったのです。

†近代電気化学の基礎

デービーも晩年には、「私がこれまでにした一番立派な発見はファラデーだった」と言っていたそうです。ファラデーもまたデービーの死後、デービーに最高の賛辞を贈りました。

ファラデーの業績で最も有名なのは、電磁誘導の発見です。すでにデンマークの物理学者ハンス・エルステッド（1777〜1851）が、電流が磁石に作用を及ぼすことを発見していました。その発見に刺激されたファラデーは、エルステッドの逆の実験、すなわち磁石から逆に何らかの電気的効果は得られないかと種々の実験を試みたのです。

鉄の環のはなれた二つの部分にそれぞれ別の電線をコイル状に巻き、一方のコイルをボルタ電池につないで電流を流します。するともとのコイルの電流を流したり切ったりする瞬間のみ、他のコイルの中にも電流が流れることを見出しました。

次に、ファラデーは電磁石を使う代わりに、導線コイルに棒磁石を入れたり出したりすることでも同じ結果を得ました。こうしてファラデーは、今日の電気文明の礎になる発電機の原理や変圧器の原理を発見したのです。

もう一つの重要な業績が、電気分解に関する基本法則の発見です。ファラデーはいろいろな物質を電気の作用で分解してみました。そのとき、自ら考案したボルタ電量計（ボルタメータ）を用いて、分解によって生じる物質の質量関係を調べたのです。その結果「電気分解のときに出てくる物質の質量は、このとき通じられた電気の量によって決まる」ことなどを明らかにしました。その過程で、「電気分解」「電解質」「電極」「陽イオン」「陰イオン」などの用語をつくりました。

この発見によってファラデーは近代電気化学の基礎をつくったので、電気分解の際の電気量をはかる単位には、この法則発見の名誉にちなんでファラデーという名がつけられています。

ファラデーは34歳で王立研究所の研究室主任になって以来、師デービーの後を受けついで週一回一般の人への化学講演会を受け持っていました。とくに毎年クリスマスには、子どもたちを相手に講演会を開きました。晩年になってもこの子どもたちへのクリスマス講演会は休みませんでした。中でも有名なのは、1860年、69歳のときに行った連続講演です。それは、『ロウソクの科学』という本にまとめられ、今も世界中の人々に愛読されています。

†発見当初は金より高価だったアルミニウム

デービーが発見したナトリウムとカリウムは、その大きな還元力によって、当時、まだ化合物からとり出す方法がなかった金属を得る強力な手段となりました。

1825年に、デンマークの物理学者エルステッドがアルミニウムの分離に成功し、1827年にはドイツの化学者フリードリヒ・ウェーラー（1800〜1882）がエルステッドよりも純粋なアルミニウムをとり出しました。彼らの方法は、塩化アルミニウムとカリウムを混ぜて加熱することで、カリウムが塩化アルミニウムの塩素を奪って塩化カリウムになり、アルミニウムを得るというものでした。

当時のアルミニウムは非常に高価なものでした。金や銀と同じくらいに貴重なものだったので、ナポレオン3世は自分の上着のボタンをアルミニウムでつくらせたり、アルミニウム製の食器をごくわずかな重要来賓にだけ使って、ふつうの客には金製の食器を使っていたといわれています。

その後、アルミニウムは安く大量につくられるようになりました。その方法を同時期に、それぞれ独立して発見したのは、アメリカとフランスの同じ1863年生まれの青年でした。

アルミニウムは酸素と結びつく力が強く、その酸化物を融解するのに2000度以上の高温が必要です。アルミニウムをたくさんふくんでいるボーキサイトは、酸化アルミニウム（アルミナ）を40〜60パーセントふくんでいます。この鉱石から、純粋な酸化アルミニウムをとり出せます。しかし、この酸化アルミニウムは、アルミニウムと酸素が非常に強く結びついていて鉄鉱石のようにコークスで還元することもできないし、融解して電気分解しようにも融点が2072度と高く困難でした。

ここに立ちむかっていった2人の青年が、アメリカのチャールズ・ホールとフランスのポール・エルーでした。彼らはまったく独自に、同じ方法を発見したのでした。

彼らは、「もしかすると、酸化アルミニウムを溶かし込むことができるものがあるかもしれない。そうなればしめたものだ」と、いろいろな物質で試みました。氷晶石というナトリウムとアルミニウムとフッ素からできた化合物で、グリーンランドでとれる乳白色のかたまりに注目しました。その融点は約1000度。氷晶石を融解して、酸化アルミニウムを加えると、10パーセント程度も溶かし込むことができました。これを電気分解して、金属アルミニウムが陰極に析出したのは、1886年のことでした。

はじめに、アメリカのホールが、数か月後遅れてフランスのエルーがこの方法を発見しました。しかも、ともに1863年生まれ。2人はそれぞれの国で特許をとり、そして同じ1914年にこの世を去りました。

現在、使われているアルミニウムの工業的なつくり方は、この2人の発見した方法そのものです。大量の電力を必要とするので、アルミニウムは電気のかたまりとか、電気の缶詰と言われています。

アルミニウムの電解による製法の原理は、マグネシウムなどのとり方にも応用されて、今日の軽金属時代の糸口になったのです。

†分光器でスペクトル線を調べて元素を判定

新しい元素かどうかを調べるには、その元素が純粋な形で多量になければなりません。存在量が少ない元素では困難です。1859年のグスタフ・キルヒホッフ（1824〜1887）とロベルト・ブンゼン（1811〜1899）による分光分析法の発見はこうした

初期の分光器（ブンゼンとキルヒホッフが考案）

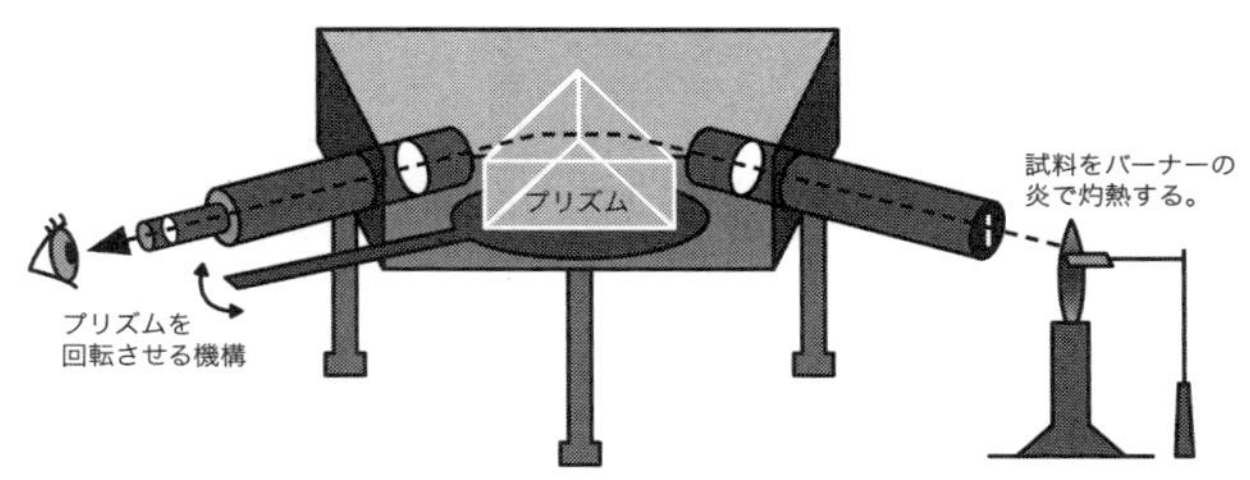

ブンゼンとキルヒホッフが組み立てた分光器のしくみ

状況を大きく変えました。

さまざまな光源の出す光を、プリズムが入った分光器に通すと、光が波長の違いによって分かれてスペクトルが観測されます。物質を炎の中で加熱して、そのときの光を分光器に通すと、とびとびの波長の光だけが光る輝線と、その間の暗線が見えます。

たとえば、ガスの炎の中にナトリウムを置くと炎が黄色くなり、カリウムを置くと青紫色になります。これは、炎色反応といって、ナトリウム（黄色）、カリウム（青紫色）、リチウム（深紅色）、カルシウム（橙赤色）、ストロンチウム（深赤色）、バリウム（黄緑色）、銅（青緑色）などを含む化合物を炎の中に入れて強く熱すると、炎が各元素特有の色を示す現象です。

この色の付いた炎を、プリズムを通して望遠鏡で細かく観察すると、ナトリウムを入れたときは、暗闇の中に黄色の筋が2本だけ現れ、カリウムの場合は別の位置に青紫色の2本の筋が現れます。それらは、元素に特有で、各元素の「指紋」のようなものです。しかもごく少量の試料でも十分それ固有の輝線や暗線を示すのです。

ブンゼンは、さっそく分光器を使って、セシウムとルビジウムを発見しました。これで、リチウム、ナトリウム、カリウムと合わせてアルカリ金属の五元素がすべてそろいました。

†元素を整理する試み

アントワーヌ・ラボアジェ以後、新しい元素が次々と発見されていきました。イェンス・ベルセリウスが生きていた1779年から1848年までに新しい元素が32個も発見されて、元素の合計は57個になりました。ロシアの化学者ドミトリ・メンデレーエフ(1834~1907)が「元素の周期表」を発表した1869年までに63種の元素が発見されていました。

当時の化学者は元素を分類整理しようと試みていました。かなり多数の元素が発見されて、元素間に何らかの関係があるのではないかという疑問が生じていました。

メンデレーエフの以前に、ハロゲン族やアルカリ金属、白金族のような類似性のある元素のグループの存在、化学的性質が似ている3つの組元素が「塩素、臭素、ヨウ素」「カルシウム、ストロンチウム、バリウム」「硫黄、セレン、テルル」の3グループの存在、元素を原子量順に7列に並べて、音楽の「オクターブ（8音階）」になぞらえて、「どの元素を1つ目に選んでも8つ目の元素は1つ目の元素の性質に似ている」という「オクターブの法則」などが提唱されていました。

サンクトペテルブルク大学で化学を教えていて、講義用教科書を書きはじめたメンデレーエフは、元素を体系的に取り扱う理論に興味を持ちました。そのとき、原子量が一つの鍵になると考えました。まず窒素の族、酸素の族、ハロゲン族は原子量の順に並べられました。

ロシアのサンクトペテルブルクにあるメンデレーエフの銅像と壁の大周期表

次に、一枚のカードに一つの元素の原子量と名前と化学的性質を書き込んだものを、原子量の小さい元素から順に左から右へ配置し、しかも原子価の同じ元素が上下に並ぶように、何段にも重ねて並べてみたのでした。こうして周期表の最初の形ができ、1871年にドイツのリービッヒが編集している『化学年報』に投稿し、掲載されました。

　メンデレーエフは、周期表に「将来発見されると思われる元素」として空欄を設け、とくに3つの元素について詳しくその性質を説明しました。これらの空欄はそれぞれホウ素、アルミニウム、ケイ素の下にありました。彼はサンスクリット語で「1」を意味する接頭語「エカ」を用いて、それらをエカホウ素、エカアルミニウム、エカケイ素と名づけました。

　やがて1875年に分光分析法で新しい元素が発見され、ガリウムと命名されました。メンデレーエフはそれが、彼が予言していたエカアルミニウムであることと、発表された元素の密度の測定は間違っているに違いないことを主張しました。実際にガリウムの性質は、彼が予言したエカアルミニウムとよく一致し、密度も発見者が測り直したらエカアルミニウムに近かったのです。その後スカンジウム、ゲルマニウムが発見されましたが、それぞれの性質は予言されたエカホウ素、エカケイ素とほぼ同じでした。

　発表された当初、化学者は周期表に注意を払いませんでしたが、こうしたことがあって一般的に承認され、新しい元素の探索や、元素間の関係について調べることの「地図」の役割を果たすようになりました。

なお、ガリウムはおもしろい元素です。私は、講演で、かちんかちんの銀色のかたまりの金属を三十数度のお湯が入ったコップに入れると、とろとろになってしまうことを見せたりします。これが金属ガリウムです。ポリ袋に入れたガリウムのかたまりを胸ポケットに入れておいたら、ポリ袋の中で融けてしまった経験があります。米国では奇術用にガリウム製のスプーンが販売されています。温かい紅茶に入れた砂糖をかき混ぜるときに、このスプーンを使えば、紅茶の中でとろとろと形を崩して液体になってしまうのです。常温で液体の金属は水銀だけですが、ガリウムは、その次に融点が低く、30度程度で融解してしまうのです。

†貴ガス元素の発見

メンデレーエフの周期表には、貴ガス（希ガス）元素がすっぽりと抜けていました。

貴ガスは、英語では別の元素と反応しない「高貴な元素」とよばれていますので、それまでよく使われていた希ガスから貴ガスとすることを日本化学会が提案しています。アルゴンと同じように希少とはいえないからです。

貴ガスの発見は1894年、イギリスの科学者ウイリアム・ラムゼー（1852〜1916）とレイリー（ジョン・ウイリアム・ストラット、1842〜1919）によるアルゴンの発見から始まります。

レイリーは、大気からの分離で得られた窒素が窒素化合物から得た窒素よりも密度が大きいことを発見しました。そこで大気の中に新元素がふくまれているのではないかと考え、ラムゼーの協力により、粘り強い実験をくり返し、空気中に約1パーセント含まれるアルゴンを発見したのです。アルゴンは、空気中に体積比で多い順から窒素、酸素の次の3番目に多くふくまれています。ラムゼーは引き続き、空気中からネオン、クリプトン、キセノンを発見しました。

ラムゼーは、皆既日食のときの太陽コロナの分光分析で見つけていたヘリウムを、地球上でもウラン鉱石から単離しました。

アルゴンのように空気中にたくさんふくまれていたのに、長い間、存在がわからなかったのは、他の元素と反応せず（＝化学的に不活性）、隠れた存在だったからです。だからギリシア語の「アルゴス（なまけもの）」から元素名をアルゴンと名づけました。

貴ガス元素で最後に発見されたのはラドンです。ラドンの発見は、1900年のピエールとマリーのキュリー夫妻によります。その後1902年にアーネスト・ラザフォード（1871〜1937）らがこのガスが貴ガスであることを明らかにしました。ラドンという名称は、ラジウムの崩壊によって得られることからつけられました。

1904年に、レイリーは「気体の密度に関する研究、およびこの研究により成されたアルゴンの発見」によりノーベル物理学賞を、ラムゼーは「空気中の貴ガス元素の発見と周期律におけるその位置の決定」によりノーベル化学賞を、それぞれ授与されました。

発見された貴ガスは、周期表の左端に配置されました。その後、貴ガスが化学的に不活性で非常に安定であることは、その原子の電子配置から明らかになりました。

アーネスト・ラザフォード

現在の周期表

現在では元素を原子量の順ではなく、原子番号（原子の原子核の中の陽子の数）の順に並べています。現在では118種類の元素が並んでいます。天然に存在する中で原子番号が1番大きい元素は92番のウランです。

10	11	12	13	14	15	16	17	18	族/周期
								2 He ヘリウム 4.003	1
			5 B ホウ素 10.81	6 C 炭素 12.01	7 N 窒素 14.01	8 O 酸素 16.00	9 F フッ素 19.00	10 Ne ネオン 20.18	2
			13 Al アルミニウム 26.98	14 Si ケイ素 28.09	15 P リン 30.97	16 S 硫黄 32.07	17 Cl 塩素 35.45	18 Ar アルゴン 39.95	3
28 Ni ニッケル 58.69	29 Cu 銅 63.55	30 Zn 亜鉛 65.38	31 Ga ガリウム 69.72	32 Ge ゲルマニウム 72.63	33 As ヒ素 74.92	34 Se セレン 78.97	35 Br 臭素 79.9	36 Kr クリプトン 83.8	4
46 Pd パラジウム 106.4	47 Ag 銀 107.9	48 Cd カドミウム 112.4	49 In インジウム 114.8	50 Sn スズ 118.7	51 Sb アンチモン 121.8	52 Te テルル 127.6	53 I ヨウ素 126.9	54 Xe キセノン 131.3	5
78 Pt 白金 195.1	79 Au 金 197.0	80 Hg 水銀 200.6	81 Tl タリウム 204.4	82 Pb 鉛 207.2	83 Bi ビスマス 209.0	84 Po ポロニウム (210)	85 At アスタチン (210)	86 Rn ラドン (222)	6
110 Ds ダームスタチウム (281)*	111 Rg レントゲニウム (280)*	112 Cn コペルニシウム (285)*	113 Nh ニホニウム (278)*	114 Fl フレロビウム (289)*	115 Mc モスコビウム (289)*	116 Lv リバモリウム (293)*	117 Ts テネシン (293)*	118 Og オガネソン (294)*	7

63 Eu ユウロピウム 152.0	64 Gd ガドリニウム 157.3	65 Tb テルビウム 158.9	66 Dy ジスプロシウム 162.5	67 Ho ホルミウム 164.9	68 Er エルビウム 167.3	69 Tm ツリウム 168.9	70 Yb イッテルビウム 173.0	71 Lu ルテチウム 175.0
95 Am アメリシウム (243) *	96 Cm キュリウム (247) *	97 Bk バークリウム (247) *	98 Cf カリホルニウム (252) *	99 Es アインスタイニウム (252) *	100 Fm フェルミウム (257) *	101 Md メンデレビウム (258) *	102 No ノーベリウム (259) *	103 Lr ローレンシウム (262) *

元素周期表

周期＼族	1	2	3	4	5	6	7	8	9
1	*1 H 水素 1.008*								
2	3 Li リチウム 6.941	4 Be ベリリウム 9.012							
3	11 Na ナトリウム 22.99	12 Mg マグネシウム 24.31							
4	19 K カリウム 39.1	20 Ca カルシウム 40.08	21 Sc スカンジウム 44.96	22 Ti チタン 47.87	23 V バナジウム 50.94	24 Cr クロム 52	25 Mn マンガン 54.94	26 Fe 鉄 55.85	27 Co コバルト 58.93
5	37 Rb ルビジウム 85.47	38 Sr ストロンチウム 87.62	39 Y イットリウム 88.91	40 Zr ジルコニウム 91.22	41 Nb ニオブ 92.91	42 Mo モリブデン 95.95	43 Tc テクネチウム (99)*	44 Ru ルテニウム 101.1	45 Rh ロジウム 102.9
6	55 Cs セシウム 132.9	56 Ba バリウム 137.3	57~71 ランタノイド系	72 Hf ハフニウム 178.5	73 Ta タンタル 180.9	74 W タングステン 183.8	75 Re レニウム 186.2	76 Os オスミウム 190.2	77 Ir イリジウム 192.2
7	87 Fr フランシウム (223)	88 Ra ラジウム (226)	89~103 アクチノイド系	104 Rf ラザホージウム (267)*	105 Db ドブニウム (268)*	106 Sg シーボーギウム (271)*	107 Bh ボーリウム (272)*	108 Hs ハッシウム (277)*	109 Mt マイトネリウム (276)*

斜体は気体

（網掛け）は金属

原子番号	元素記号
元素名	
原子量	

57~71 ランタノイド系	57 La ランタン 138.9	58 Ce セリウム 140.1	59 Pr プラセオジム 140.9	60 Nd ネオジム 144.2	61 Pm プロメチウム (145)*	62 Sm サマリウム 150.4
89~103 アクチノイド系	89 Ac アクチニウム (227)*	90 Th トリウム 232.0	91 Pa プロトアクチニウム 231.0	92 U ウラン 238.0	93 Np ネプツニウム (237)*	94 Pu プルトニウム (239)*

原子番号が93番以上の元素や43番のテクネチウムなどは天然には存在せず、人工的に合成された元素です。そして現在でも新しい元素の合成が続いています。

縦の列を族といい、左から順に、1族、2族……18族です。同じ族に属する元素を「同族元素」といいます。また、周期表の横の列を周期といい、上から順に第1周期、第2周期……とよびます。かつての周期表は横にⅠ族～Ⅷ族、0族と9列並んでいたものが使われていましたが、現在では1～18族の長周期表が使われています。第1周期にはHとHeの2個の元素があり、第2、第3周期には、それぞれ8個の元素があります。

これらの元素の約8割は、金属元素です。残りが非金属元素です。その境界線付近のホウ素、ケイ素、ゲルマニウム、ヒ素などは金属的な性質をいくらか持っていて、半導体といわれています。

周期表の両側にある1族、2族と、12族～18族の元素を「典型元素」といいます。典型元素の同族元素は、化学的性質がよく似ています。

たとえば、水素以外の1族元素の単体はいずれも軽い金属で、水と反応して水素を発生します。これらの元素をアルカリ金属といいます。原子は一価の陽イオンになりやすいという性質を持っています。2族元素の原子は二価の陽イオンになりやすい性質を持っていて、アルカリ土類金属といいます。17族の元素はハロゲンといい、原子は一価の陰イオンになりやすい性質を持っています。18族の貴ガス元素の単体は化合物をつくりにくいので不活性ガスともいいます。

非金属元素の単体の多くは、分子からなり、固体では分子からなる結晶をつくります。常温（25度付近）では、水素、窒素、酸素、フッ素、塩素などは気体、臭素は液体、ヨウ素、リン、硫黄などは固体として存在します。

炭素やケイ素の単体は、巨大分子からなる結晶であり、高い融点を持ちます。貴ガス元素の単体は、常温では気体で単原子分子として存在します。金属元素の単体は、水銀だけが常温でも液体で、その他の金属の単体は常温で固体です。

†金属元素の単体の特徴

現在、周期表にある約90種類の天然元素のうち、金属元素は約8割をしめていますが、その特徴を列記すると、次のようになります。

金属元素だけからできている物質が金属です。金属という物質は、

①金属光沢（銀色や金色などの独特のつや）を持つ

②電気や熱を良く伝える
③たたけば広がり、引っぱれば延びる

という3つの特徴です。だから、見ただけでも「これは金属だろう」とわかります。

①の金属光沢は、金属が光をほとんど反射してしまうことによります。②の性質は、電池と豆電球でつくった簡単な道具で調べられます。③の性質は、たたいても粉々にならないということです。

昔の鏡は、金属の表面をぴかぴかにみがいたものでした。現在の鏡もガラスと後ろの赤色などのもの（保護材）の間にとてもうすい金属の膜が張ってあります（ガラスに銀メッキ）。金属光沢を利用しているのです。

単体のカルシウムやバリウムも金属で、銀色をしています。ふつう、カルシウムやバリウムというと白色とイメージされるのはそれらの化合物が白色だからです。

有機物を人工的に無機物からつくった！

18世紀末～19世紀初頭のラボアジェの時代の化学者は、生物の体を形づくる物質を「有機物」（有機化合物ともいう）、そうでない物質を「無機物」と言って区別しました。一体、何が「有る」とか「無い」で分けているのでしょうか。

実は、「有機物」の「有機」とは、「生きている、生活をするはたらきがある」という意味です。ですから、生物のことを有機体と言います。

砂糖、デンプン、タンパク質、酢酸（酢の成分）、アルコールなどなど、たくさんの物質が有機物の仲間です。それらの有機物は、生物のはたらきでつくり出された物質のことです。「有機体がつくる物質」ですから有機物と名付けたのです。砂糖は、砂糖大根や砂糖きびからつくられます。デンプンは、植物が光合成によってつくっています。タンパク質は、生物の体の重要な成分です。アルコール（エタノール）はデンプンやブドウ糖から、酢酸はアルコールからつくられます。

それに対し、水や岩石や金属のように生物のはたらきを借りないでつくり出された物質が無機物です。

長い間、有機物は生物の生命のはたらきだけでつくり出されるもので、人の手ではつくることができない、と考えられてきました。この考えは、19世紀はじめまで化学者の世界を支配していました。だから、有機物は特別な物質だったのです。

けれど、ついに1828年、ドイツのフリードリヒ・ウェーラーは、有機物の尿素が、無機物のシアン酸アンモニウムを加熱することから人工的につくられることを見出しました。彼は、スウェーデンの化学者イェンス・ベルセリウスのところに留学して、ドイツに帰ったばかりでした。彼はベルセリウスに手紙を出して、この発見を知らせました。「先生、わたくしは動物の腎臓の力を借りずに、尿素をつくることができました」

実は、尿素は腎臓ではなく肝臓でつくられるのですが、生物の生命力を借りずに無機物から有機物をつくったことは画期的でした。有機物が生命力に関係のない無機物からつくられたというのは、当時の化学者にとってはショックでした。

†有機化学の成立

有機物を研究する化学を有機化学といいます。有機化学の確立者といわれるのはドイツのユストゥン・リービッヒ（1803〜1873）です。有機化学は、1860年前後にその基礎が築かれました。ウェーラーやリービッヒなどがその基礎を築きました。

1827年にウェーラーが発見したシアン酸銀と、1824年にリービッヒが発見していた雷酸銀とは、どちらも同じ化学式 AgCNO でした。雷酸銀は爆発しやすい物質で、爆発性のないシアン酸銀とは性質が違いました。リービッヒは、「違った物質が同じ化学式を持っていることがある。それは物質をつくっている原子の種類や数も同じでありながら、いろいろな原子の並び方、つながり方が違うからではないか」と考えました。

これはシアン酸銀と雷酸銀の一組の物質だけではなく、物質について考えるときは、その中で原子の並び方、つながり方を考えることが必要だということです。

リービッヒは、勤務先のギーセン大学に学生の化学実験室をつくり、世界最初の学生の化学実験を始めました。ウェーラーとリービッヒは、シアン酸銀と雷酸銀の化学式が一致したことが縁で、生涯を通じた友情と協力が生まれ、お互いに力を合わせて有機化学の研究を進めることになりました。彼らが取り交わした手紙は1000通あまりも集められて、一冊の本になっています。

アウグスト・ケクレ

1832年には、2人の共著で『安息香酸の基の研究』を発表しました。このなかで彼らは一つの化合物(苦扁桃油)が他の化合物(安息香酸)に変わるときに、原子集団(ベンゾイル基)が不変のままで移動し、他の原子と結びついたり分離したりする

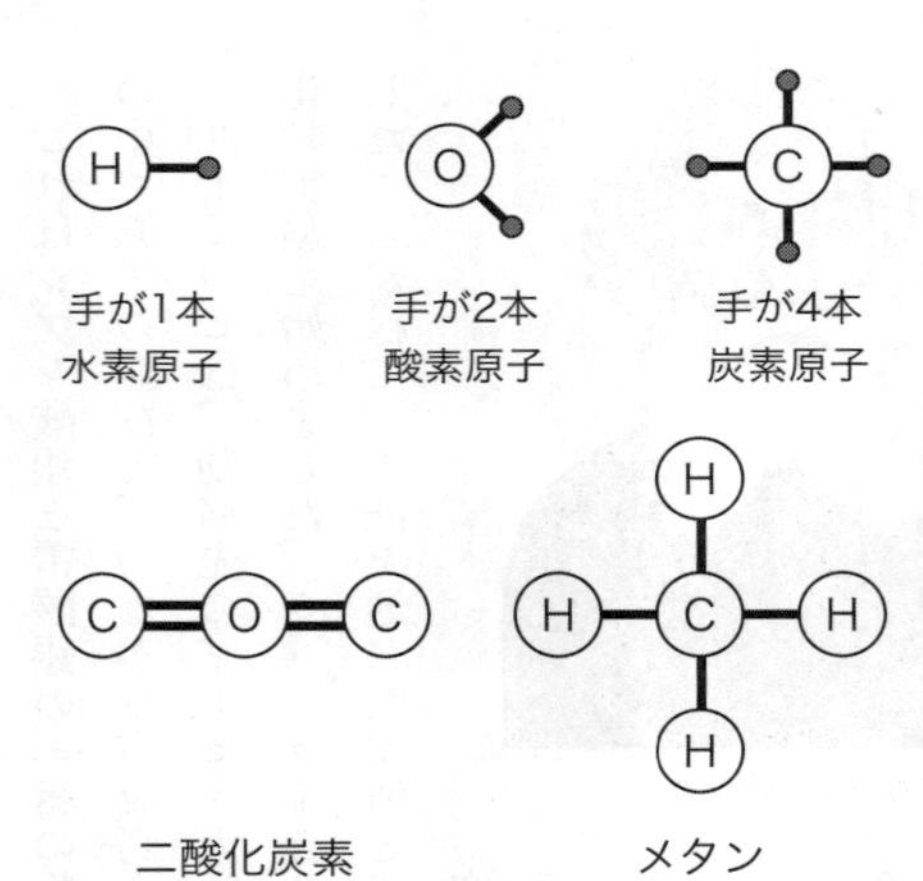

原子の結合手と二酸化炭素 CO_2　メタン CH_4 の構造

という考えを述べました。

1847年にギーセン大学の建築学科に入学したアウグスト・ケクレ（1829〜1896）という18歳の青年がいました。彼はリービッヒの化学の講義を聞きにいき、建築学よりも化学に魅了されました。ついに建築学科をやめて、化学科に移り、リービッヒの学生になりました。

ケクレは1858年、炭素は4つの結合手を持つ原子（正しくは原子価4）で、炭素原子同士や他の原子と結びつくという考えを発表しました。水素、酸素はそれぞれ一つの結合手（原子価1）、二つの結合手（原子価2）です。この考えだと、お互いの結合手（原子価）が過不足なく手を握り

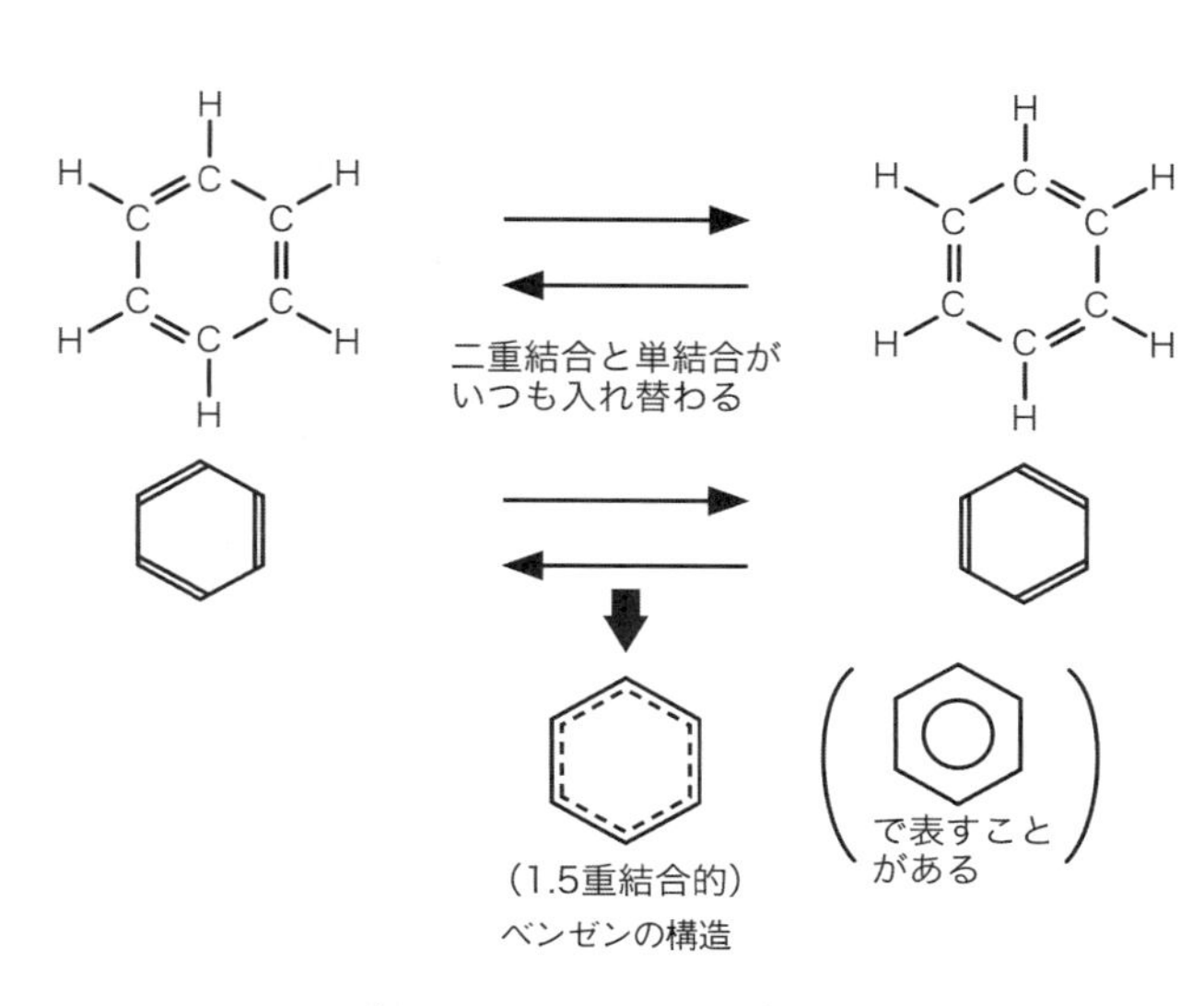

ベンゼンの構造

あうように結びつくということになります。

当時、ベンゼンC_6H_6の構造がどうなっているかは謎でした。この謎は1865年にケクレによって解かれました。ある日、くつろいでいたときに、曲がってつながり合い、環をつくっている炭素の鎖が頭に浮かびました。ベンゼンの構造を、ベンゼンの6個の炭素原子が、閉じた鎖の形になっているとしたのです。初め建築学科で学んでいたケクレは有機物の炭素骨格の構造を視覚化する能力が備わっていたのかも知れません。

ベンゼンは、現在では、簡単に正六角形の中に○を描いて表します。これはベンゼンの分子内で、二重結合と単結合が絶えず

ベンゼンの構造を表す猿の戯画（模写）

入れ替わっていて、平均化すると1・5重結合になっていると考えてもいいでしょう。

ベンゼンの構造を表すのに、よく紹介される猿の戯画があります。ケクレの記念祭典のときに、参加者に配られたカードに書かれた絵です。猿の2本の手と2本の足、または1本の手と尾とでつながっているのは二重結合を表しています。

その後、有機物の構造などが次第に明らかにされ、炭素の結合手（原子価）が4とは限らないことなども明確になりました。

†「生命のはたらき」から離れた有機物

こうして分子の構造が明らかになることで、分子の設計図を描き、計画的に新しい物質を合成することができるようになっていきました。1868年にアリザリン（赤色）、1880年にインジゴ（鮮やかな藍色）といった染料が合成されるようになりました。

アリザリンはアカネという植物の色素で、古代から利用されてきました。エジプトのミイラまとい布にも用いられていました。日本の額田王（ぬかたのおおきみ）の歌として万葉集に収められている「あかねさす紫野行き……」の歌からも古くから用いられていたことがわかります。１８２６年に、アカネの色素の主成分が分離され、アリザリンと命名されました。１８６８年に合成されるようになると、世界各地で栄えていたアカネの栽培は壊滅的な打撃を受けましたが、アリザリンは高品質なものが安価に供給されるようになりました。

インジゴも古代から染料の王者として広く用いられていました。マメ科のインジゴフェラや日本の藍から採取されました。１８８０年に合成に成功してから、１８８３年に化学構造が決定され、工業生産の開始は１８９７年になってからです。工業生産されるようになると天然のインジゴは駆逐されました。

現在では、炭素や水素などを原料にして、実験室や工場で、たくさんの有機物がつくられるようになっています。それらは、昔は、人の手ではつくることができないと思われていたものでした。ですから、今では、有機物と無機物を「生物の生命のはたらき」などで区別はできなくなりました。

それでも、有機物は無機物と比べて、いろいろな特徴があるので、今でも有機物という言葉が用いられています。現在、1億種類以上の物質があると考えられていますが、そのほとんどが有機物の仲間です。この中には、天然にない有機物も、たくさんあります。たとえば、合成繊維のナイロンは有機物ですが、天然にはありません。ナイロンは、1934年にアメリカのカロザースによってはじめて合成されたものです。

有機物が「生命力」の手をはなれている今日では、有機物と無機物をどう分けたらいいでしょうか。

現在の有機物は、「炭素原子を骨組みにして、その他に水素原子や酸素原子などをふくむ物質」ということです。有機物をむし焼きにすると、炭ができます。また、燃やすと二酸化炭素ができます。これらのことは、有機物に炭素原子がふくまれていることを示しています。反対に、無機物はというと、有機物以外の物質ということになります。

†ハーバーのアンモニア合成

ドイツの化学者フリッツ・ハーバー(1868〜1934)はユダヤ人ということが不利になってなかなか大学のポストにつけませんでした。何とか25歳で大学の助手に採用されてからは猛烈な研究を開始します。1906年、ハーバーがやっと化学の教授職についたとき、彼の関心は化学界最大のテーマ、空気中の窒素を化合物として固定することに注がれました。

農作物を育てるとき、成長に必要な養分のうち、細胞のタンパク質合成に欠かせない窒素がもっとも不足しがちです。当時、窒素肥料は硝石（硝酸カリウム）やチリ硝石（硝酸ナトリウム）でした。窒素は空気中にたくさんあるのに、肥料としては硝酸塩やアンモニウム塩など窒素の化合物の形にしなければ植物は吸収できないので利用できません。

このため、天然に産するチリ硝石や石炭の乾留時の副産物として得られるアンモニアが、肥料や産業の原料として用いられてきたのです。

フリッツ・ハーバー

そのために南米チリからチリ硝石が大量に輸入されていましたが、その資源の枯渇が心配されていました。それなら空気中に、体積で約8割をしめる窒素を利用できないか、と化学者たちは考えたのです。いろいろな化学者が挑戦しましたが、最終的にハーバーとカール・ボッシュ（1874〜1940）のハーバー・ボッシュ法が工業化へと進みました。それは、当時の化学工業界では経験のない200気圧という高圧と550度という高温で、窒素と水素を反応させる方法です。

一番大変だったのは高温高圧に耐える反応装置の開発でした。その反応装置開発はボッシュの担当でした。ボッシュは鉄製の反応装置が突然破裂するという事故にあいましたが、命拾いをしたこともありながら、やがて高温高圧にびくともしない反応装置をつくりあげました。さらに酸化鉄(四酸化三鉄)にアルミナとアルカリを加えた触媒を用いて成功しました。

ハーバーとボッシュはアンモニア合成法の成功でドイツのみならず世界の食糧増産の大功労者になりました。この業績によりハーバーとボッシュはそれぞれ1918年、1931年にノーベル化学賞を受賞しています。

ハーバーはドイツの毒ガス兵器開発の先頭にも立ちました。しかし、ドイツをヒトラー率いるナチスが支配するようになると、ユダヤ人のハーバーに冷たい風が吹いてきました。比類ない愛国的化学者ハーバーも、ドイツから出ざるを得ず、失意のうちに亡くなりました。

†ナイロンの発明

プラスチック合成の始まりは、エボナイトです。エボナイトは、天然ゴムに30〜50パーセントの硫黄粉を混合して練り合わせ、成型器に入れて加熱して硬化させたものです。かつては万年筆の軸や喫煙用のパイプに用いられました。

19世紀後半に、米国でビリヤードの球に用いられる象牙の代用品の発明に懸賞がかけられました。そこでつくられたのがセルロイドです。セルロイドは樟脳(しょうのう)と硝酸セルロースとアルコールを練り固めてつくります。セルロイドは天然物を加工したもので半合成樹脂と呼ばれます。

人類が本当の意味で初めて高分子を人工的につくったのは20世紀になってからです。1907年、アメリカのレオ・ベークランド(1863〜1944)は、フェノールを原料とするはじめての合成樹脂ベークライトを発明しました。ベークライトはソケットや電気部品をのせる基板などに使用されています。

これをきっかけに合成高分子がさかんに研究されるようになりました。

ハーバード大学で有機化学講師の職にあったウォーレス・カロザース(1896〜19

37）は、1928年32歳の若さでデュポン社の有機化学研究所長に迎えられました。

カロザースは研究班を動員して、有機化学の知識から見て、低分子で多数が結びついて（重合して）高分子になりそうなものを片っ端から重合させてみることを試みました。1930年、彼のローラー作戦で発見された最初の実用品が、クロロプレンゴムでした。デュポン社は早速、工業生産を開始し、「ネオプレン」の商品名で市場に出しました。

ウォーレス・カロザース

ここに、合成高分子化学工業がスタートしたのです。

しかし、カロザースの本当の目的は、綿や絹などの天然繊維の代わりになる繊維をつくりだすことでした。1930年になって、研究員のジュリアン・ヒルが高分子を蒸留した容器中の残渣を引っ張ると、糸のように細く伸びることを見出しました。これが最初に合成されたナイロンでした。

1935年ごろまでには一応の基礎研究は完了しましたが、1937年になってやっと繊維としての実用化の目途がつきました。難関の一つは、高い重合度の高分子を合成することでした。重合度が低いと、繊維としての強度が満足なものとならなかったのです。

1938年に試験工場がつくられ、本格的な生産が開始されたのは発見から9年後の1939年でした。デュポン社は、これを「水と空気と石炭とからつくられた、クモの糸よりも細く鋼鉄よりも強い夢の繊維」として売り出しました。ナイロンを使った世界ではじめての女性用ストッキングが発売されました。それまでの絹の靴下に代わる、丈夫なストッキングは、たちまち人気商品となりました。

今でもアメリカの女性はストッキングのことをナイロンといいます。合成プラスチック、合成繊維が生活に浸透していった出来事でした。

なお、ナイロンの発明者カロザースは、デュポン社がナイロンを発表するより前の1937年に謎の自殺をしてしまいます。当時このプロジェクトは極秘でしたので彼の死亡記事には『合成ゴムの研究者』という肩書きがつけられていました。

その後、さまざまな合成樹脂、合成繊維や合成ゴムが開発されるようになりました。

第七章

人工元素は現代の錬金術か

19世紀末から20世紀はじめにかけて、これまでの自然科学の常識が、ひっくり返るような物理学上の新発見が次々と起こりました。ここでいう自然科学の常識というのは、「原子は物質のいちばん小さな単位で、これ以上細かく分けられない」といったことなどです。原子の構造が明らかになっていき、化学変化で原子どうしがどのように結びつくかということもわかってきました。また、核エネルギーは原爆というかたちで現実化されました。天然に存在する元素（92種類）以外に、人工元素をつくり出すようにもなりました。

†X線とウラン化合物から出る放射線の発見

1874年、イギリスのウイリアム・クルックス（1832〜1919）は、金属の電極を取りつけたガラス管内を真空に近い状態にして電極に高い電圧をかけると、陽極付近のガラス管が光る真空放電を研究しました。当時、高度の真空をつくる技術が進んでいたので、科学者たちは真空中で放電させる実験に興味を持っていました。彼は、陰極の金属から目に見えない光線のようなものが放射されていると考えて、その光線のようなものに「陰極線」と名前をつけました。

1895年、ドイツのヴィルヘルム・レントゲン（1845〜1923）が実験室を暗

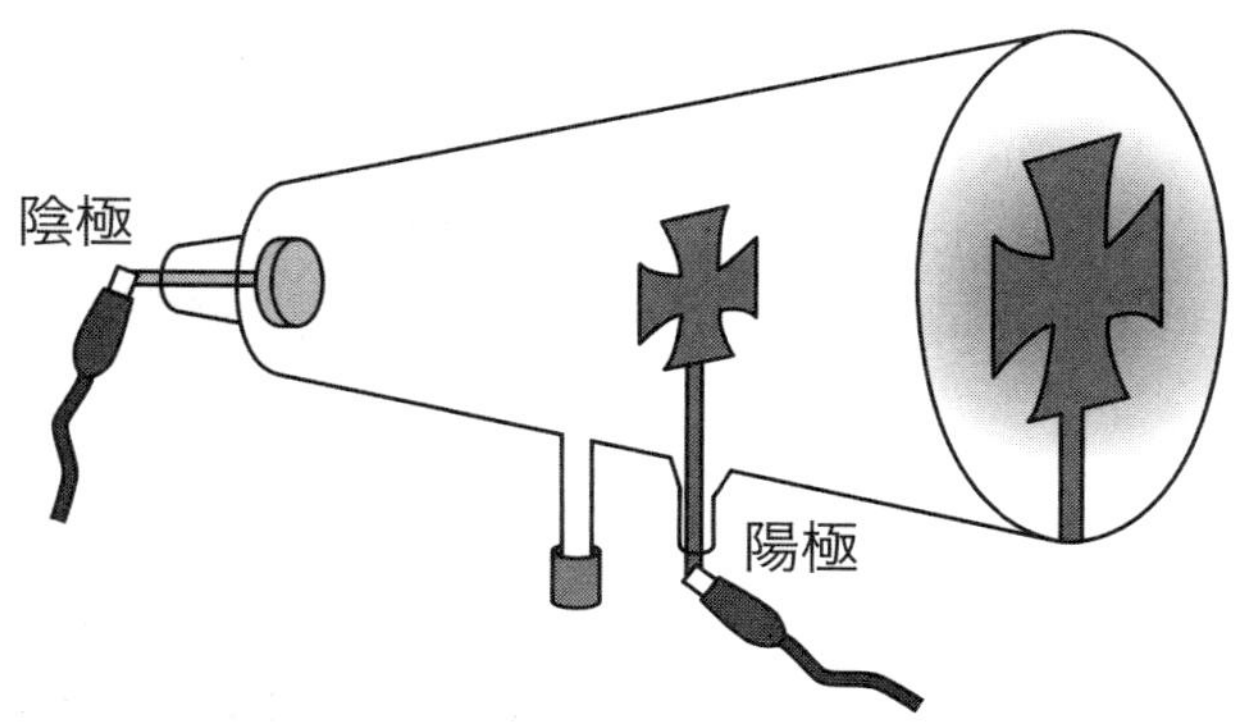

現在、中学理科で行われる陰極線の実験例。使われる真空放電用の管をクルックス管という

くして真空放電の実験をしたときに、偶然にX（エックス）線を発見しました。

陰極線は空気中なら25センチメートルほどしか進めないのに、真空管から90センチメートルほど離れたところに置いてあった蛍光板が蛍光を発するのに驚きました。「陰極線とは違う未知の放射線が出ているのではないか」と考えて、確認する実験をくり返しました。その放射線は紙を通過し、鉛の板は通過できませんでした。レントゲンは、この謎の放射線に正体不明の「X」という意味を込めてX線と名づけました。X線を生きている人間の手に当てると手の骨の写真がとれました。レントゲンはX線の発見によって、1901年に第一回ノーベル物理学賞を授与されました。

X線をきっかけに、1896年に、フランスの

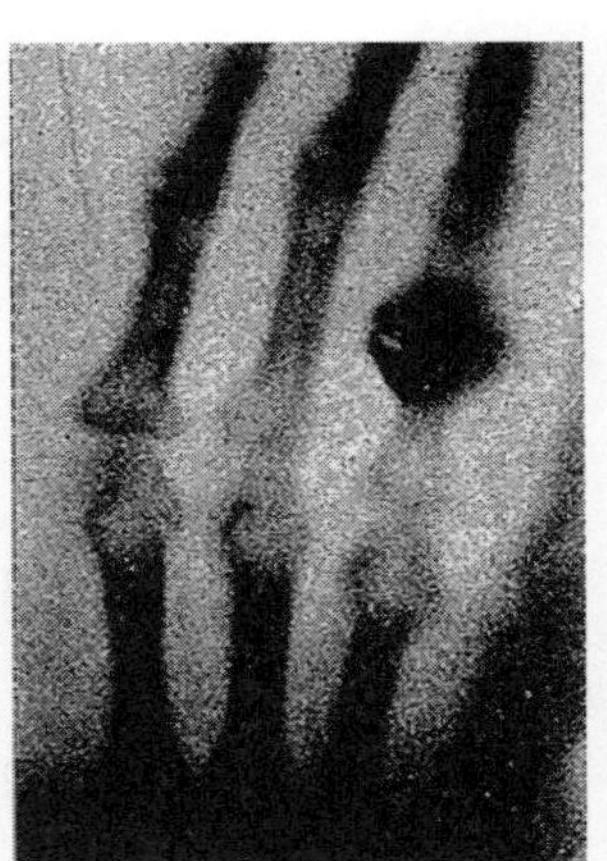

レントゲンが最初にとったX線写真は妻の手で、指輪も写っていた（エミリオ・セグレ、久保亮五、矢崎裕二訳『X線からクォークまで』みすず書房）

アンリ・ベクレル（1852～1908）が発見したのは、ウラン化合物から出る放射線でした。ベクレルの名は、放射能の単位になっています。

　ベクレルは、ウラン化合物と同じひきだしに入れてあった写真乾板が、黒い紙に包んであったのに感光していることに気がつきました。「黒い紙を透過してしまうX線のような、目に見えない放射線がウラン化合物からでているのではないか」と考え、この放射線をウラン線（現在のα線）と名づけました。

　ウラン化合物が持つこのような性質は、ウラン元素（原子）が入ってさえいれば、その化合物がどんなものでもこの性質を持つこと、言いかえれば、原子そのものが放射性を持っていることをベクレルは明らかにしました。

†放射能研究の母キュリー夫人

ポーランドに生まれたマリア・スクロドフスカ（1867～1934）は、姉がパリで結婚した機会をとらえて、1891年、パリ大学に留学しました。ポーランドでは女性には大学入学の道は閉ざされていたのです。1895年、8歳上のピエール・キュリーと結婚し、マリア・スクロドフスカは、マリー・キュリー、つまりキュリー夫人になりました（「マリー」はフランス語読み。「マリ」とも表記される）。

マリー・キュリー夫人

物理と数学の学士号を持ち、中等教員免許状もとったマリーが次に目指したのは博士号でした。1897年、博士論文のテーマとして、前年にベクレルが発見したばかりのウラン化合物から出る放射線に着目します。

夫が勤める理化学校のぼろぼろの倉庫を借りて、ウラン化合物が出す放射線の研究を始めました。そして、ウラン化合物が放射線を出す性質は、ウラン化合物中のウランの量に比例しており、絶えず自発的に放射線を出していること

パリのキュリー研究所の一角にあるマリー・キュリー博物館に保存されているマリーの研究室（筆者撮影）

とを明らかにしました。

そこで新しい疑問が生じます。「放射線を出す性質を持っている原子はウランだけだろうか。他にもあるのではないだろうか？」と考えて、ピエールの学校にある鉱物標本などを調べてみました。その結果、1898年に、トリウムの化合物もウラン線のような放射線を出していることを発見しました。マリーは、ウランやトリウムの放射線を出す性質や能力を「放射能」と名づけました。

また、ピッチブレンド（閃ウラン鉱）というウランの鉱物が強い放射能を持つことから、ピッチブレンドには「ウランよりも放射能が強い元素（原子）が含まれているはずだ」と考えました。そこでこの鉱物には「未知の元素が含まれており、その元素は強い放射性を持つ」との仮説を発表します。しかし、新元素ならば、その物質を得て、原子量などを求める必要がありました。

マリーにピエールも協力して研究を行い、大量のピッチブレンドに対して、さまざまな化学操作を加えて分離していきました。分離するたびに、その部分の放射能を測定し、次に放射能が強い部分を分離することをくり返して、1898年に、まず新しい元素ポロニウムを、次にラジウムを発見しました。

ポロニウムという名は、マリーがポーランド出身であることから名づけられました。1902年には、マリーとピエールはラジウム化合物を純粋な形で取り出すことに成功します。ピッチブレンド数十トンから得られたラジウム化合物は100ミリグラムでした。

こうした放射能の研究などに対して1903年にノーベル物理学賞を夫婦で受賞しました。いわば、ノーベル物理学賞は2人の「愛の結晶」だったといえるでしょう。なお、1897年に生まれた長女が物理学者イレーヌ・キュリーで、後にキュリー家にノーベル賞をもたらします。

†キュリー家の栄光と悲劇

不幸は1906年4月19日木曜日に突然訪れました。その日の14時半ごろ、ピエールは科学者会館で仲間と話をした後に、セーヌ川にかかるポン・ヌフ橋の近くを歩いていました。その橋の前の道を歩いていたピエールは、何を思ったか、突然車道を横切って向こう側の歩道に行こうとしたところへ、乗り合い馬車がやってきました。ピエールは馬の一頭に接触し、そのまま雨で濡れた道路に足を滑らせて転んでしまい、その直後、彼の頭は6トンもの重さの馬車後輪に打ち砕かれました。即死でした。

マリーは、心の中に夫をなくした傷を負いながらも、2人の娘とピエールの父、そして自分を含めた4人の生活のために働きました。1906年、ピエールの後を引き継いでパリ大学で最初の女性教授となり多くの研究を行ないました。1910年には、純粋なラジウム金属を取り出すことに成功し、このことで翌年、ノーベル化学賞を受賞しました。

X線や最初の放射性物質の発見当時は、X線や放射性物質が出す大量の放射線が人体に影響を与えることはよくわかっていませんでした。

ベクレルはガラスケースに入れた微量のラジウムをポケットに入れておいたら、それで腹部が火傷と同様になりました。ラジウム皮膚炎といいます。それを聞いたマリーも腕につけてみたら紅斑（皮膚にできる、赤いまだらな点）ができました。

しかし、急性障害はわかっても、長時間にわたる被曝の影響はなかなかわかりませんでした。マリーは、欧州戦争（第一次世界大戦）のときには、X線治療班を組織して、各地の野戦病院を巡回します。長年の放射性物質の取り扱いの結果、次第に体がむしばまれ、放射能障害でこの世を去りました。

このときには、長女イレーヌは立派な物理学者になっており、放射能研究を進めていました。イレーヌは1926年に母マリーの助手だったフレデリック・ジョリオと結婚しましたが、キュリーの姓を残すかたちにしました。1934年に人工的に放射性原子をつくる実験に成功し、1935年に夫妻でノーベル化学賞を受賞しました。キュリー一家は共同で原子研究の新しい時代を切り拓き、キュリー夫妻と長女夫妻をあわせて、全部で5個のノーベル賞を受賞したことになりました。

†アインシュタイン「奇跡の年」の論文と原子論

原子量をもとに周期表がつくられ、原子論は多くの科学者に支持されてきていても、

「原子や分子は、まだ「仮説」に過ぎない。そんな正体のわからないものは、考えないほうがよい」とする有力な科学者たちが存在しました。20世紀初頭まで、原子・分子が本当にあるのかは大問題で、議論の的だったのです。

アルベルト・アインシュタイン

スイス特許局の技官だったアルベルト・アインシュタイン（1879〜1955）は、1905年、彼が26歳のときに3つの革命的な論文を発表しました。①それまで波動とされていた光をエネルギー粒子とした光量子仮説、②イギリスの植物学者ロバート・ブラウン（1773〜1858）が1828年（1827とも）に発見したブラウン運動についての理論的解明、③相対性理論です。

1マイクロメートル（1000分の1ミリメートル）ほどの微粒子を水などの媒質に浮かべると、ピクピクとわずかずつ不規則な運動をします。200倍くらいの顕微鏡で観察することができます。これをブラウン運動といいます。ブラウンが発見し、「植物の花粉に含まれている微粒子について」という論文に発表しました。

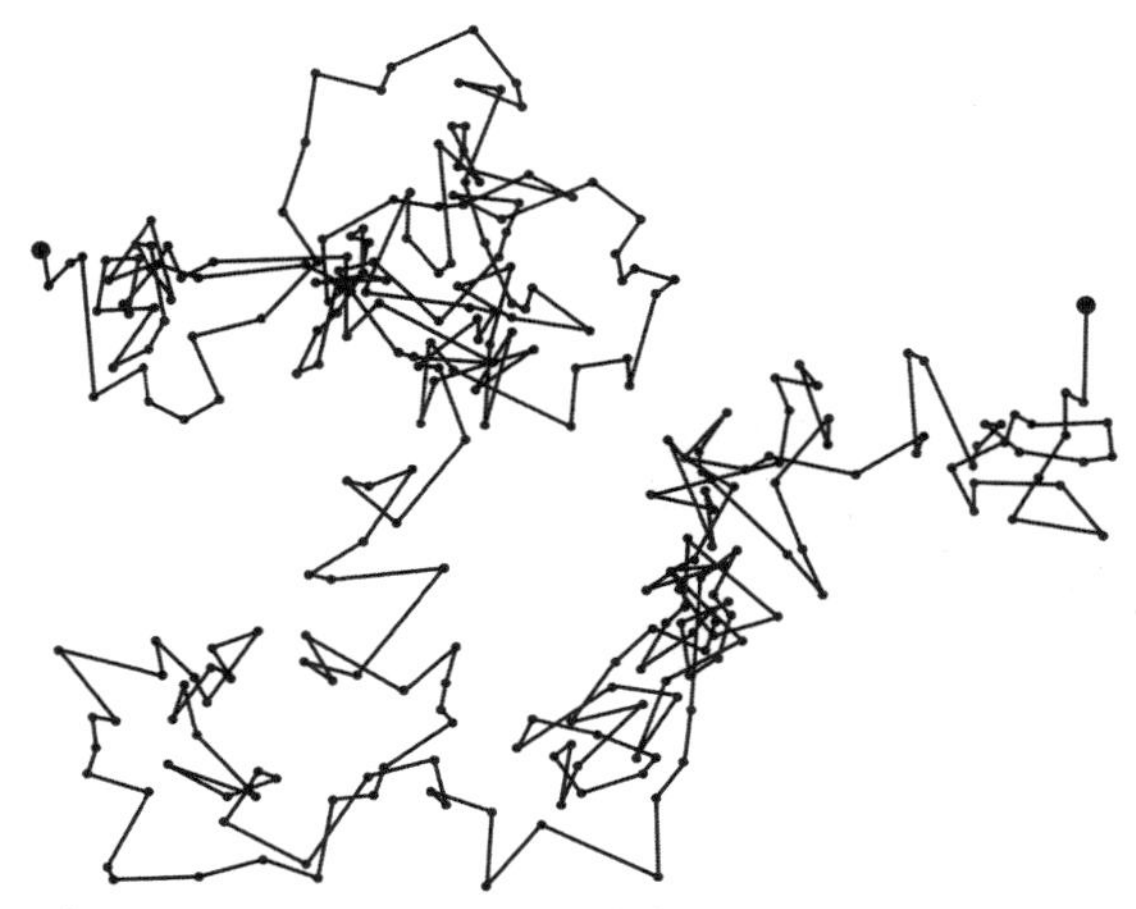

ブラウンの発見した微粒子の運動（ブラウン運動）。ジャン・ペラン、玉虫文一訳『原子』（岩波文庫）をもとにした

花粉を水に浸すと水を吸ってこわれ、そのときに花粉の中から出てくる微粒子を顕微鏡で観察していると、どの微粒子もあっちこっちへと動きまわります。花粉に含まれる微粒子で観察されたので、最初は生命活動によるものではないかと考えられましたが、どんな微粒子でも同じような運動を観察できることが確かめられ、生命活動が原因ではないかという説は否定されました。

アインシュタインが1905年に発表した「静止液体中に浮遊する小さな粒子における、熱の分子運動論から要求される運動について」によって、ブラウン運動の理論が確立しました。その後、フランスの物理学者ジャン・ペラン（1870〜1942）は、ブラウン運動について精密な実験をしました。これで、当時、科学者の間でも続いていた原子・分子は実在するのかどうかの論争に終止符を打たれ、原子・分子の存在が信じられるようになったのです。原子や分子が仮説でなくなったことも、アインシュタインの偉大な業績の一つです。

†原子の内部構造を解明

19世紀末にイギリスのJ・J・トムソンは、真空放電の際に陰極から出る陰極線に、電圧をかけると陽極側に曲がることから、陰極線は負電荷を持つ電子の流れであることを発見しました。また、陰極の金属の種類を変えても、同様の陰極線を発生することから、電子はすべての原子に共通して含まれていることを明らかにしました。

トムソンは、物質はふつう電気的に中性だから、電子と、電子の負電荷とつり合う正電荷が、球状の原子全体に散らばっていると考えた原子モデルを提

長岡半太郎

唱しました。

これに対し、初代大阪帝国大学総長にもなった物理学者の長岡半太郎は、土星の輪のように、正電荷を帯びた粒子のまわりを負電荷を帯びた電子が円軌道を描いて回っているという土星型原子モデルを提案しました。

長岡半太郎の土星型原子モデルの正しさが国際的に認められたのは、イギリスのアーネスト・ラザフォードが原子内に正電荷を持った原子核が存在していることを実験的に証明することに成功したからでした。

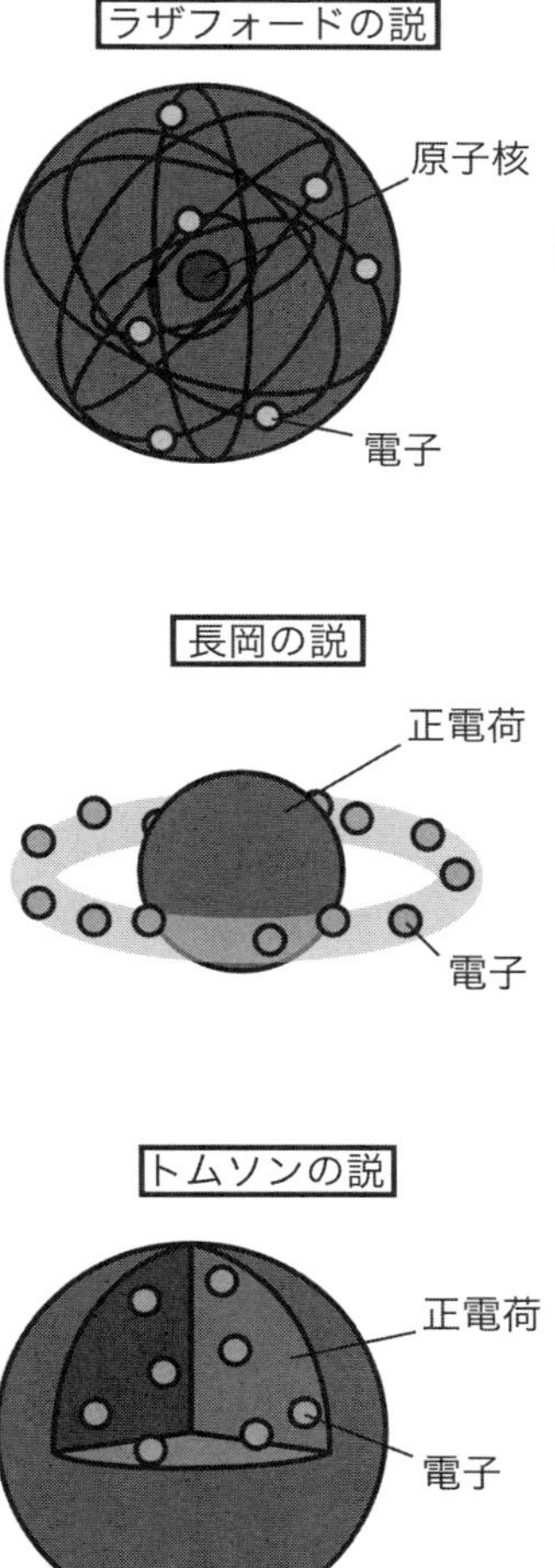

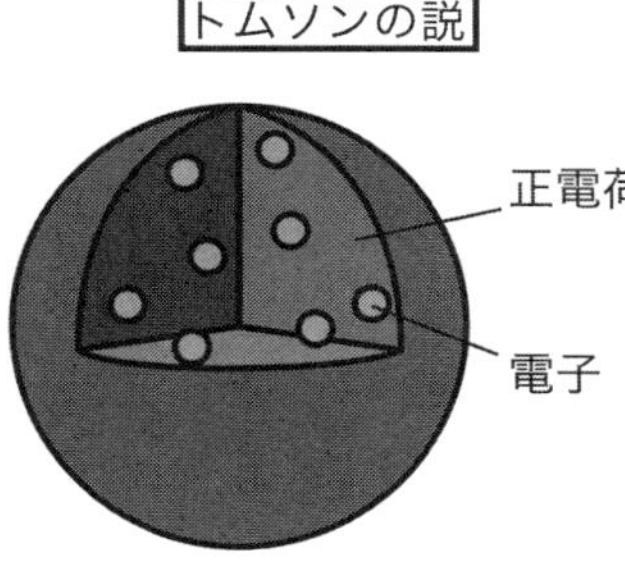

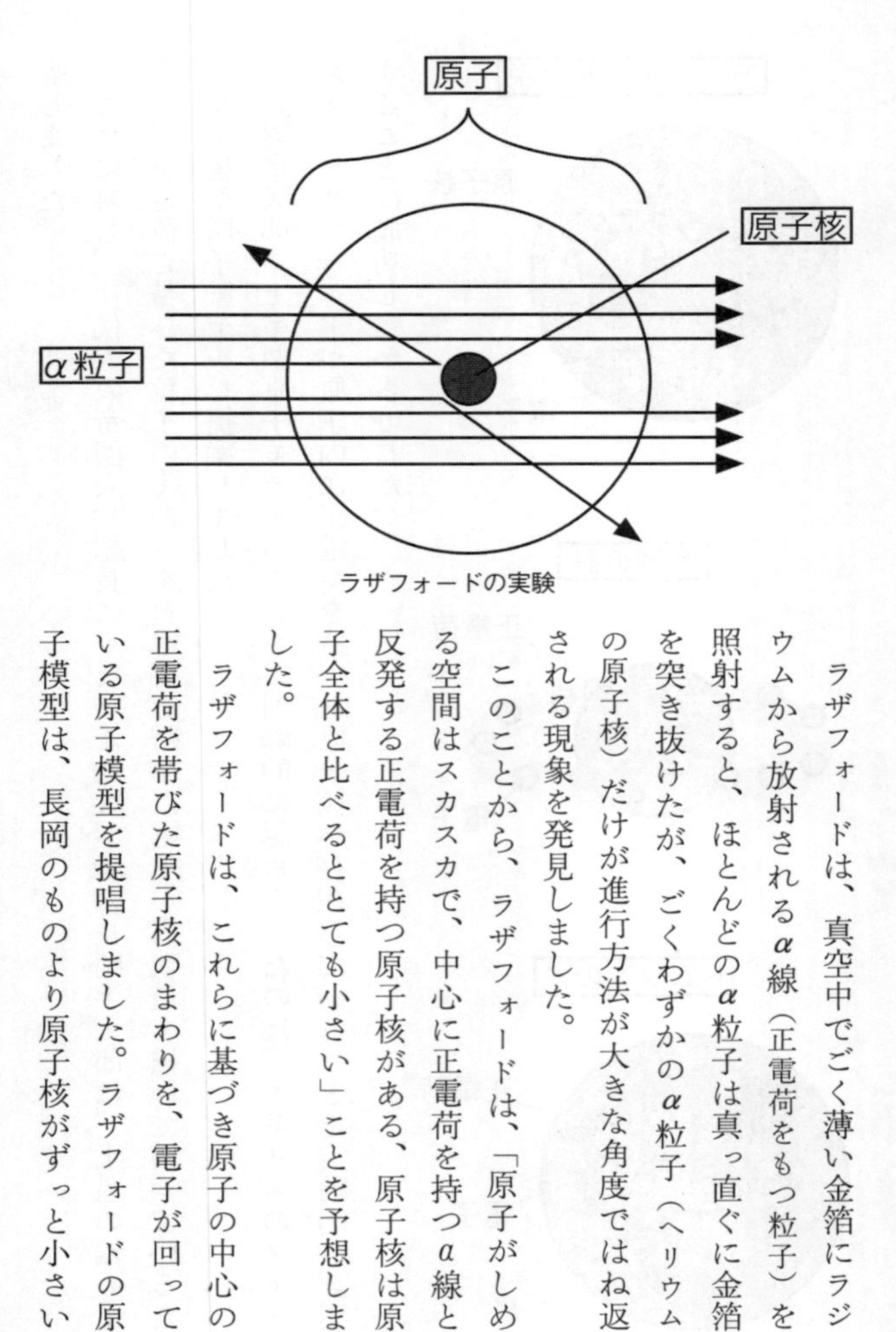

ラザフォードの実験

ラザフォードは、真空中でごく薄い金箔にラジウムから放射されるα線（正電荷をもつ粒子）を照射すると、ほとんどのα粒子は真っ直ぐに金箔を突き抜けたが、ごくわずかのα粒子（ヘリウムの原子核）だけが進行方法が大きな角度ではね返される現象を発見しました。

このことから、ラザフォードは、「原子がしめる空間はスカスカで、中心に正電荷を持つα線と反発する正電荷を持つ原子核がある、原子核は原子全体と比べるととても小さい」ことを予想しました。

ラザフォードは、これらに基づき原子の中心の正電荷を帯びた原子核のまわりを、電子が回っている原子模型を提唱しました。ラザフォードの原子模型は、長岡のものより原子核がずっと小さい

ヘリウム原子の内部

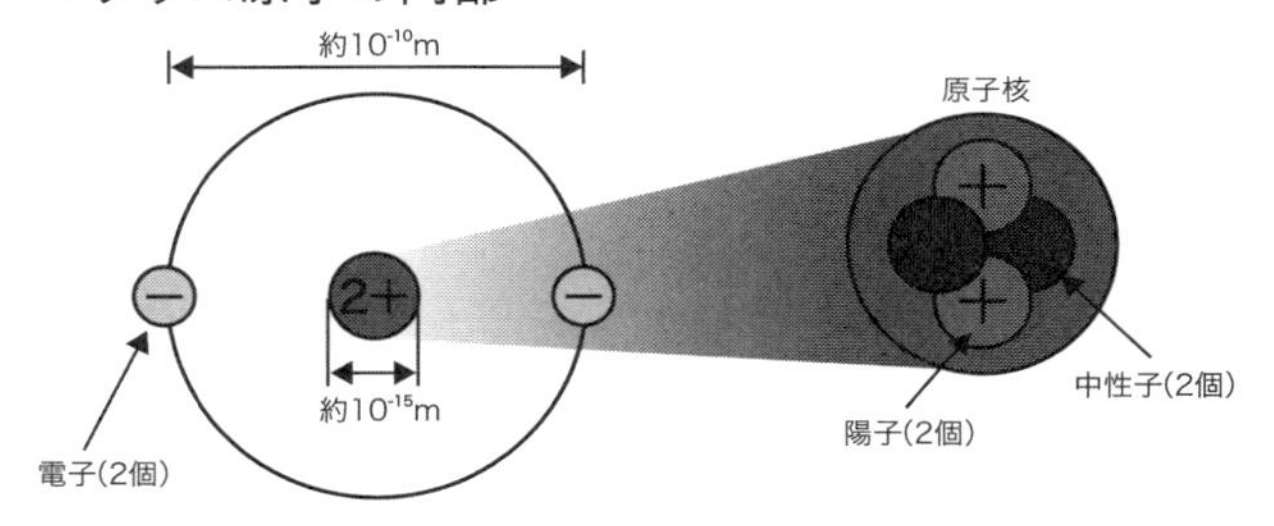

電子殻のモデル

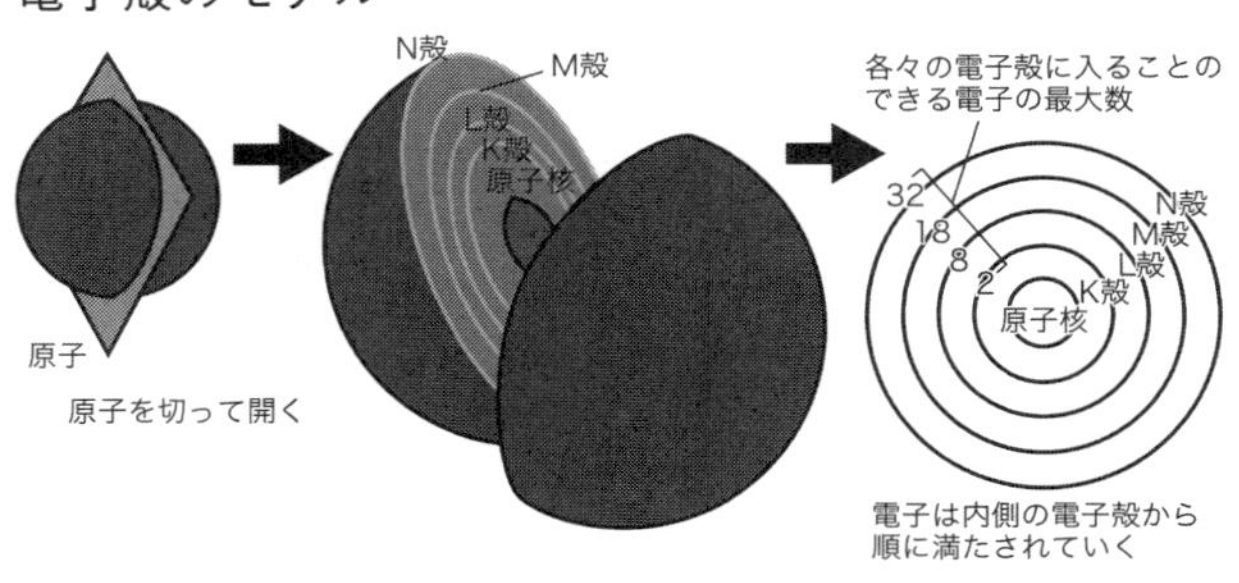

ことが特徴です。

その後、原子核は正電荷を持つ陽子と電気的に中性の中性子からなることがわかりました。原子核に含まれる陽子の数は、元素により決まっていて、この数を元素の原子番号といいます。また、原子の質量は電子が極めて軽いため陽子と中性子の数でほとんど決まり、陽子の数と中性子の数の和を質量数といいます。

現在、原子について次のことがわかっています。
・原子は、おおよそ1センチメートルの1億分の1程度の大きさである
・中心にある原子核の大きさは、さらにその10万分の1程度の大きさである。つまり、原子の大きさを東京ドームとすると、その中の原子核の大きさは1円玉程度である
・原子核は陽子と中性子からなっている
・まわりにある電子は非常に小さく、重さで考えると水素原子核の約1800分の1ほどである。したがって、原子の質量はほとんど原子核の質量と考えてよい
前頁の図は、高校化学で学んでいる原子のモデルです。原子は、中心に原子核（陽子と中性子）があり、そのまわりに電子があります。各元素の原子は、原子核の陽子の数で原子番号をふられています。陽子の数は、電子の数と同じです。電子は適当に配列している

のではなく、電子殻に規則的なルールで配置されています。

†現在の原子モデルと同位体の扱い

現在の原子のモデルでは、電子は、原子核のまわりのとびとびの軌道を回っているとしています。実際の電子は、なめらかな軌道を電子という粒子が回る軌跡を追跡できるようなものでなく、波の性質が強く表れて、原子全体に広がって存在しているというモデルです。よく示されるイメージとしては、濃淡のある電子雲が原子核を取り巻いているというもので、これは電子の存在確率に対応した映像モデルです。ただし、各電子の存在確率が高いところは電子殻に対応しているとも言えて、高校化学で学んでいるK殻、L殻……といった電子殻のモデルもある程度原子の実態を反映している面があります。

実験に基づいた定義では、元素とは、純粋な物質について「いかなる化学的な方法によっても2種類以上の物質に分けることができず、またいかなる2つ以上の物質の化合によってもつくることができないとき、その純粋な物質をつくっている物」です。たとえば水は、電気分解で水素と酸素に分けることができるので元素ではありません。水素や酸素は、それ以上別の物質に分けることができないので、それぞれ元素です。

とはいえ、たとえば水素には、ふつうの水素（軽水素）と重水素があります。三重水素もあるのですが、天然にはごくわずかしか存在しないのでここでは無視します。人間が合成したものだとさらに四重水素、五重水素、六重水素、七重水素まで存在しますが無視します。元素周期表では「水素」の1マスに入っています。全部、原子にある電子は1個、陽子は1個ですが、その違いは何かといえば、原子核の中性子の数です。

つまり原子番号が同じでも、実は何種類かの原子核が違うものがふくまれている場合があります。それが同位体（アイソトープ）です。

同位体は、原子番号、つまり原子核の中の陽子数は同じでも、原子核の中性子数が違うので質量数（＝陽子数＋中性子数）が違うという原子です。

水には、軽水素と酸素からできたふつうの水（軽水）、それに重水素と酸素からできた重水があります。私たちが飲んでいる水は、ほとんどは軽水ですが、わずかに重水も混ざっています。飲用水1トンあたり重水が約160グラム程度ですが、水を電気分解すると、その分解されやすさの違いから、軽水素と重水素を分けることができます。

するとおかしな状況になってしまいます。実験に基づいた元素の定義では、軽水素と重水素は別の元素ということになってしまうのです。実験技術が進むと、同じ元素にしたい

放射能の減り方（半減期）

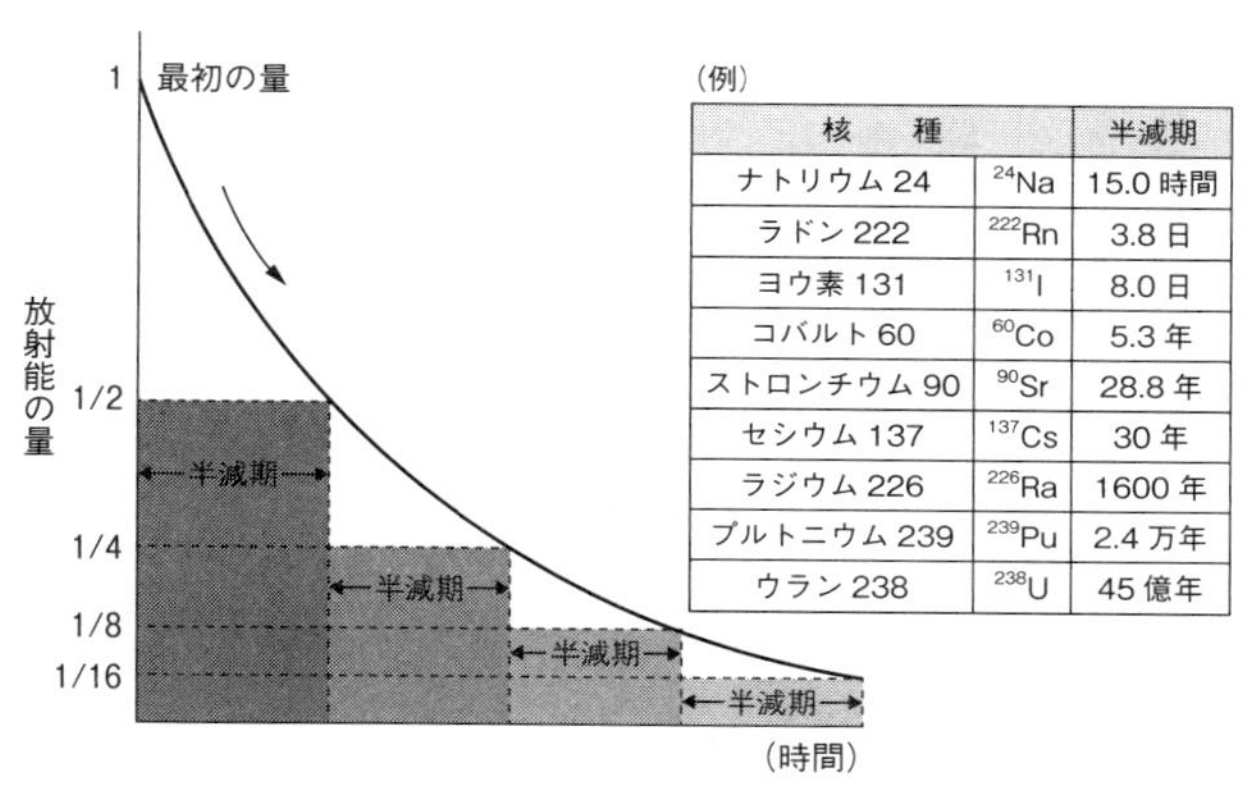

核種		半減期
ナトリウム 24	^{24}Na	15.0 時間
ラドン 222	^{222}Rn	3.8 日
ヨウ素 131	^{131}I	8.0 日
コバルト 60	^{60}Co	5.3 年
ストロンチウム 90	^{90}Sr	28.8 年
セシウム 137	^{137}Cs	30 年
ラジウム 226	^{226}Ra	1600 年
プルトニウム 239	^{239}Pu	2.4 万年
ウラン 238	^{238}U	45 億年

（日本原子力文化財団ホームページより）

ものまで別の元素にせざるを得なくなってくる場合があります。そこで元素を実験から離れて原子の持っている性質から定義することにしました。

「元素とは、原子核の陽子数で分けた原子の種類のことである」。こうすると、「軽水素と重水素は水素という元素に所属する」と言えることになります。1959年に、アメリカの量子化学者ライナス・ポーリングが『一般化学』という教科書を書いてから化学者の間に広まった定義です。

†安定同位体と放射性同位体

同位体には、放射性を持たない安定同位体と放射線を出す放射性同位体があります。

放射性同位体は放射線を出して放射能が時間とともに減衰します。放射能がもとの半分になるまでの時間を半減期といいます。

ヨウ素の同位体にはヨウ素123（^{123}Iと書きます）、ヨウ素125、ヨウ素127、ヨウ素128、ヨウ素129、ヨウ素131など、全部で37種類が知られていますが、安定同位体はヨウ素137の一種類のみで、その他はすべて放射性同位体です。私たちが海藻を食べることで摂取するヨウ素は安定同位体のこれです。

チェルノブイリ原発事故や福島第一原発事故のときに、ヨウ素131、セシウム134、セシウム137などが大気中に放出されて大きな問題になりました。

半減期は、ヨウ素131は約8日、セシウム134は2年、セシウム137はおよそ30年です。たとえば、ヨウ素131の原子が1億個あったとします。8日目に5000万個になり、さらに8日（最初から16日）たつと5000万個の半分の2500万個に、さらに8日（最初から24日目）には1250万個になります。8日ごとに半分になっていくということです。現在では、福島第一原発から放出されたヨウ素131はなくなっています。

†放射能、放射性物質、放射線

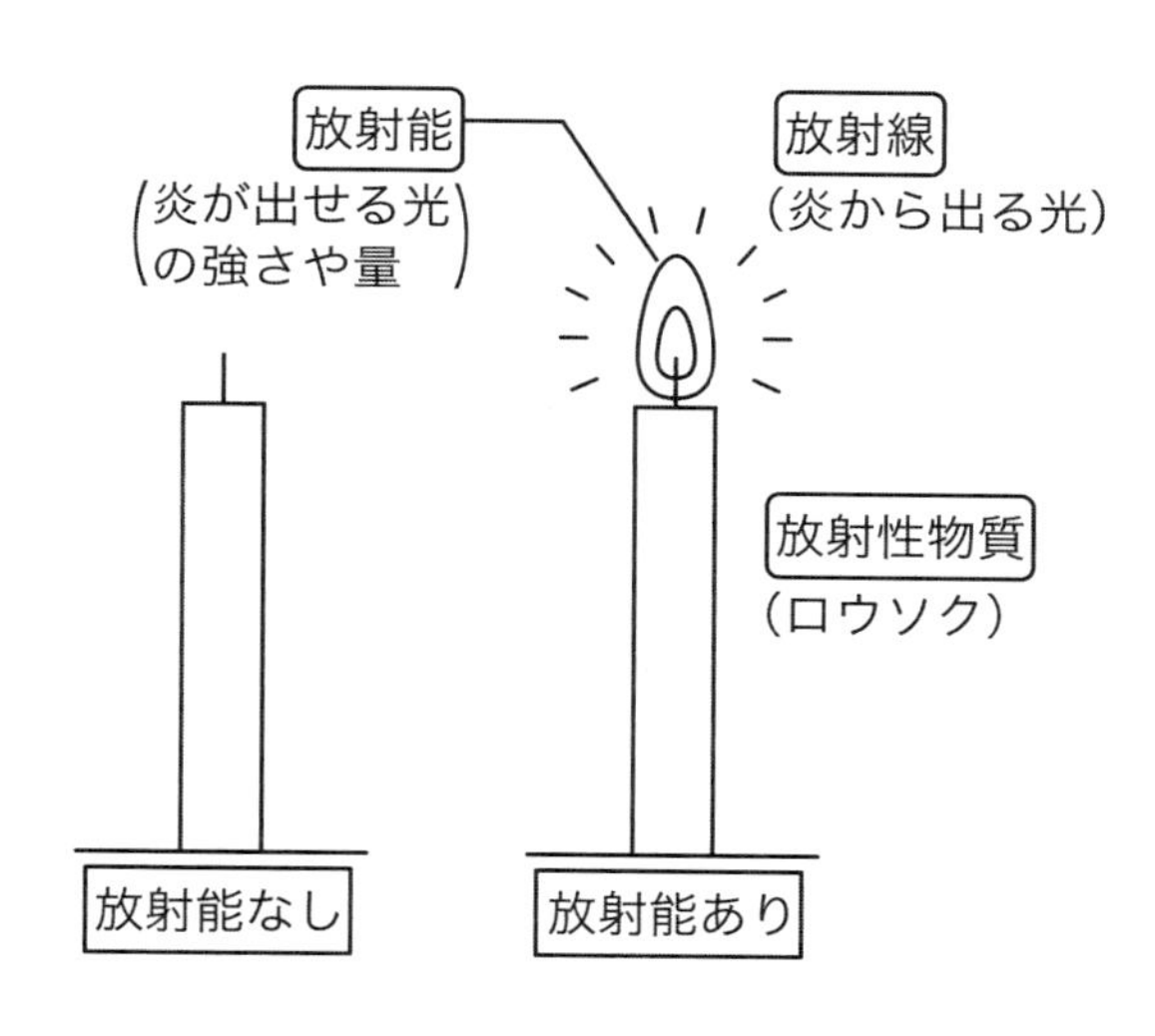

「放射能」「放射性物質」「放射線」の３つの言葉はよく似ています。

３つの言葉に共通する、放射とは、「一点から四方八方に飛び出すこと」「物が光や粒子などをまわりに出すこと」の意味です。放射能の能は「能力」、放射性物質の物質は「もの」、放射線の線は「粒子や電磁波が飛び出る線」のことです。

燃えているロウソクを例に、この３つの言葉を説明してみましょう。

ロウソクという「もの」が放射性物質にあたります。ロウソクには、その大きさなどから炎が大きい物や小さい物があります。つまり、ロウソクによって「能力」に違いがあるということで、これが放射能にあた

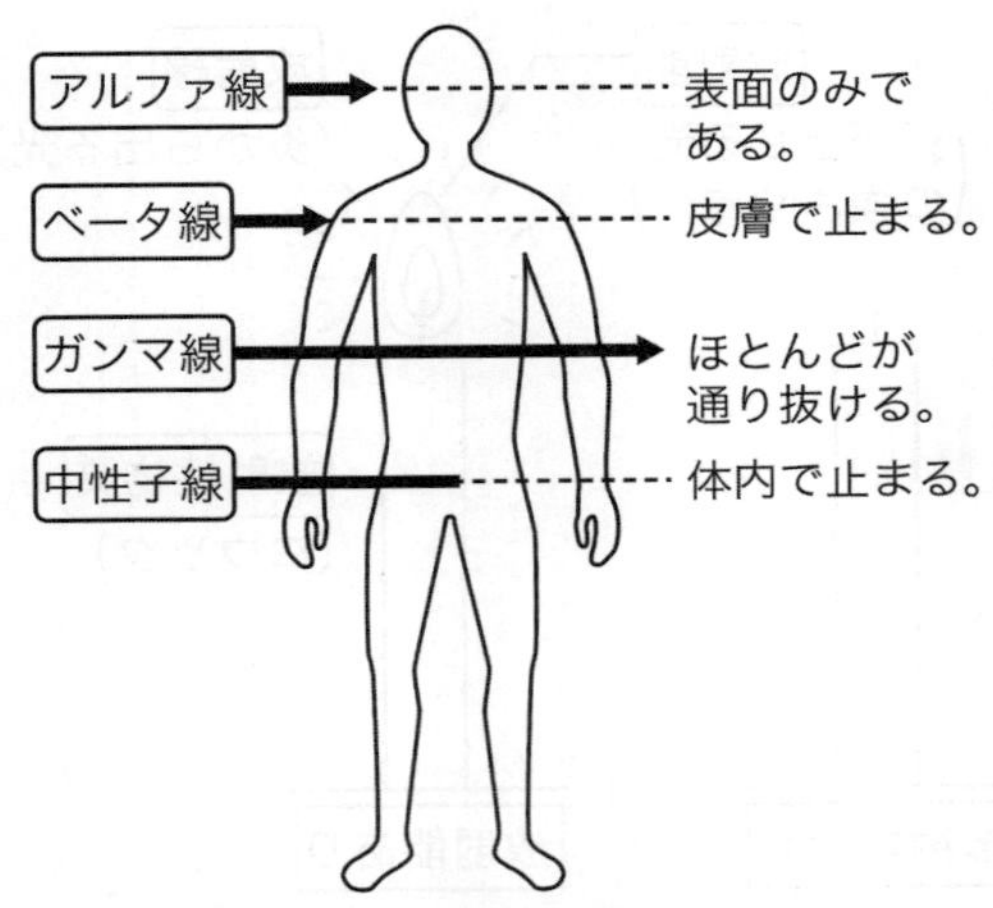

放射線が人体にあたったときの透過性

ります。それぞれのロウソクによって出せる光の強さや量が異なり、その炎から「飛び出る光」が放射線にあたります。

放射性物質が出す代表的な放射線には、アルファ（α）線、ベータ（β）線、ガンマ（γ）線があります。

・アルファ線……ヘリウム原子核（2個の陽子と2個の中性子とがかたく結合した粒子）の流れ

・ベータ線……原子核の中からとび出した電子の流れ

・ガンマ線……X線に似たエネルギーの高い電磁波

他にも放射線にはX線、中性子線などがあります。これらの放射線は、写真のフイ

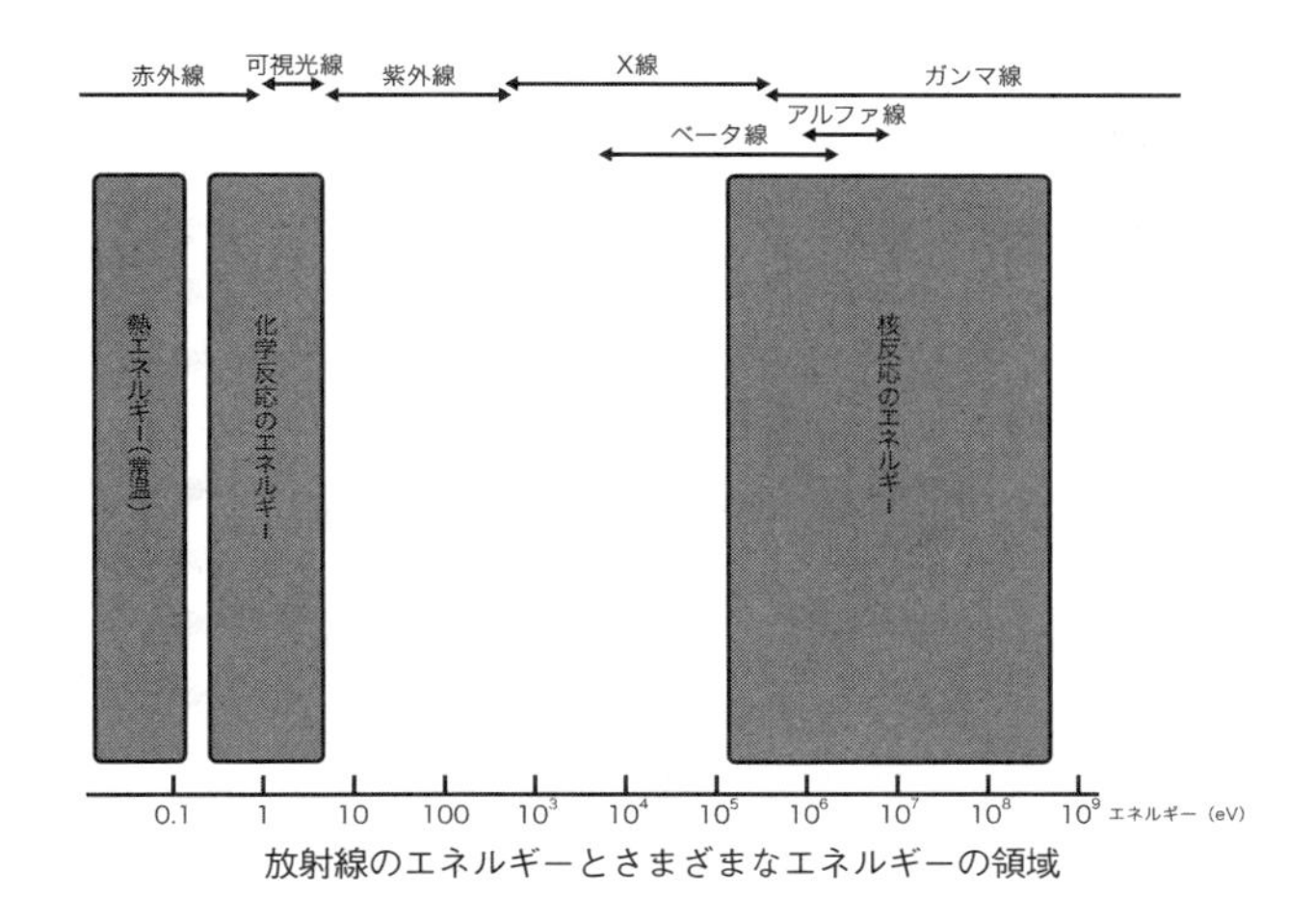

放射線のエネルギーとさまざまなエネルギーの領域

ルムを感光させたり、蛍光物質を光らせたり、物質を透過し（突き抜け）たりします。とくに物質を透過する性質は、人体や作物の内部に入ると細胞の成分や組織に悪影響を与えることがありますが、その性質から、胃や胸などのX線撮影やガンの治療など医療に用いられたりします。

†核エネルギーは、化学反応のエネルギーと比べて桁違いに大きい

放射線の持つエネルギーは、それ以前の人類が経験したものとは桁違いです。単位は、電子ボルト「eV」（エレクトロンボルト）で表します。1eV は電子1個を電位差1V で加速したときのエネルギーで、1.6×10^{-19} ジュー

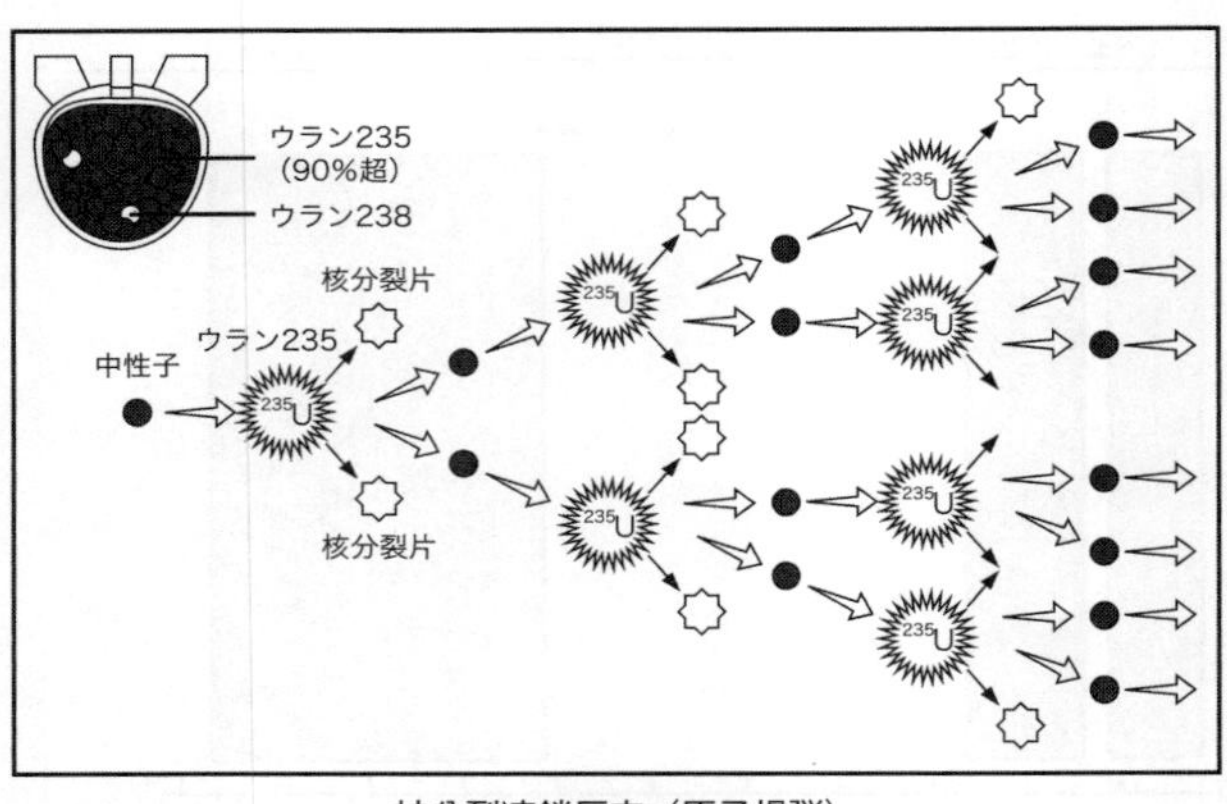

核分裂連鎖反応（原子爆弾）

ルです。化学反応のときにやりとりされるエネルギーは、原子や分子1個あたりにすると数eV程度なのですが、放射線が持つエネルギーはそれと比べて桁違いに大きなものです。

その放射線の膨大なパワーを利用した原子爆弾は、日本に大きな被害をもたらしました。第二次世界大戦末期の1945年8月6日、米軍は広島市に世界初のウラン型原子爆弾「リトルボーイ」を投下しました。爆心地から2キロ以内がほぼ全壊・全焼し、同年末までに14万人が死亡したとされます。続いて米軍は、同月9日、長崎市北部の浦上地区にプルトニウム型原子爆弾「ファットマン」を投下しました。約1万3000戸が全壊・全焼し、同年末までの死者は7万4000人と推定されています。

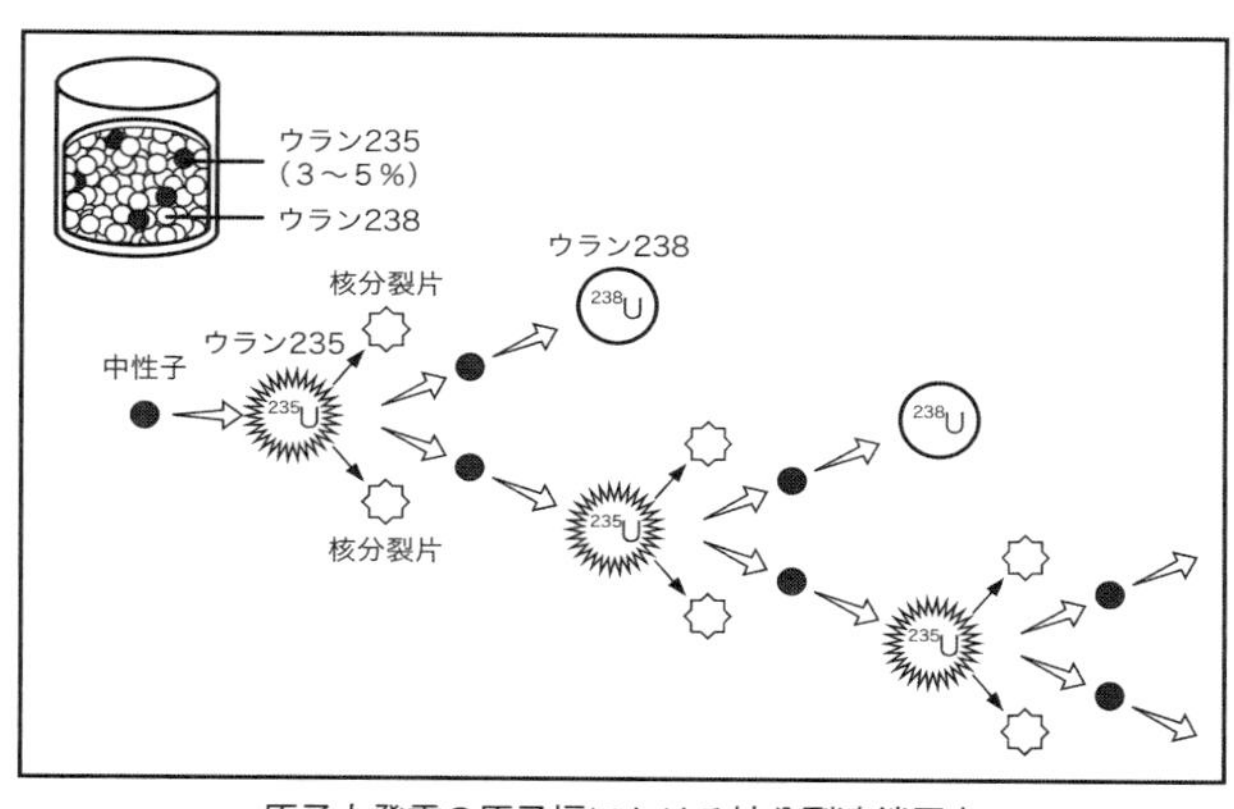

原子力発電の原子炉における核分裂連鎖反応

原子爆弾に使うのはウラン235やプルトニウム239です。ウラン235は広島に落とされた原子爆弾に、プルトニウム239は長崎に落とされた原子爆弾に使われました。

ウラン235は、天然ウランのうち0・7パーセントしかありません。残りの99・3パーセントは中性子で核分裂しにくいウラン238です。そこで、ウラン238を濃縮して高純度（90パーセント超）のウラン235をつくり核燃料にしたのです。

ウラン235の原子核に中性子をぶつけると、2つの新しい原子核に壊れます。これを「核分裂」と言います。このとき、中性子が2〜3個飛びだし、同時に多くのエネルギーがでます。

ウラン235の1個に核分裂を起こさせると、

そのとき飛びだした中性子が、さらに近くにあるウラン235にぶつかって核分裂を起こします。これで飛びだした中性子がまた近くのウラン235にぶつかって核分裂を起こします。このように、次々と反応が起こります。それが「核分裂連鎖反応」です。

一方、この核分裂連鎖反応による莫大なエネルギーを平和利用するのが「原子力発電」です。核分裂連鎖反応を制御してゆっくり核反応を進めることで、核分裂による熱で水を高温・高圧の水蒸気にしてタービンを回し、それで発電機を回します。

原発の燃料はウラン型原子爆弾と同じウラン235ですが、持続的にゆっくりと核分裂が続けばいいので、原子爆弾とは必要な濃縮度が違い、ウラン235は約3パーセントの低純度のものを使います。ですから、原子炉が爆発を起こしても、それは原子爆弾のような核爆発ではありません。

†太陽のエネルギー源

2つの原子核が近づくと1つに融合し、新しい原子核が生まれるという核反応を「核融合反応」と呼びます。このとき全質量はわずかに減少し、エネルギーに変わります。

太陽のエネルギーは、この核融合反応です。太陽のなかでは、水素原子4個が融合して

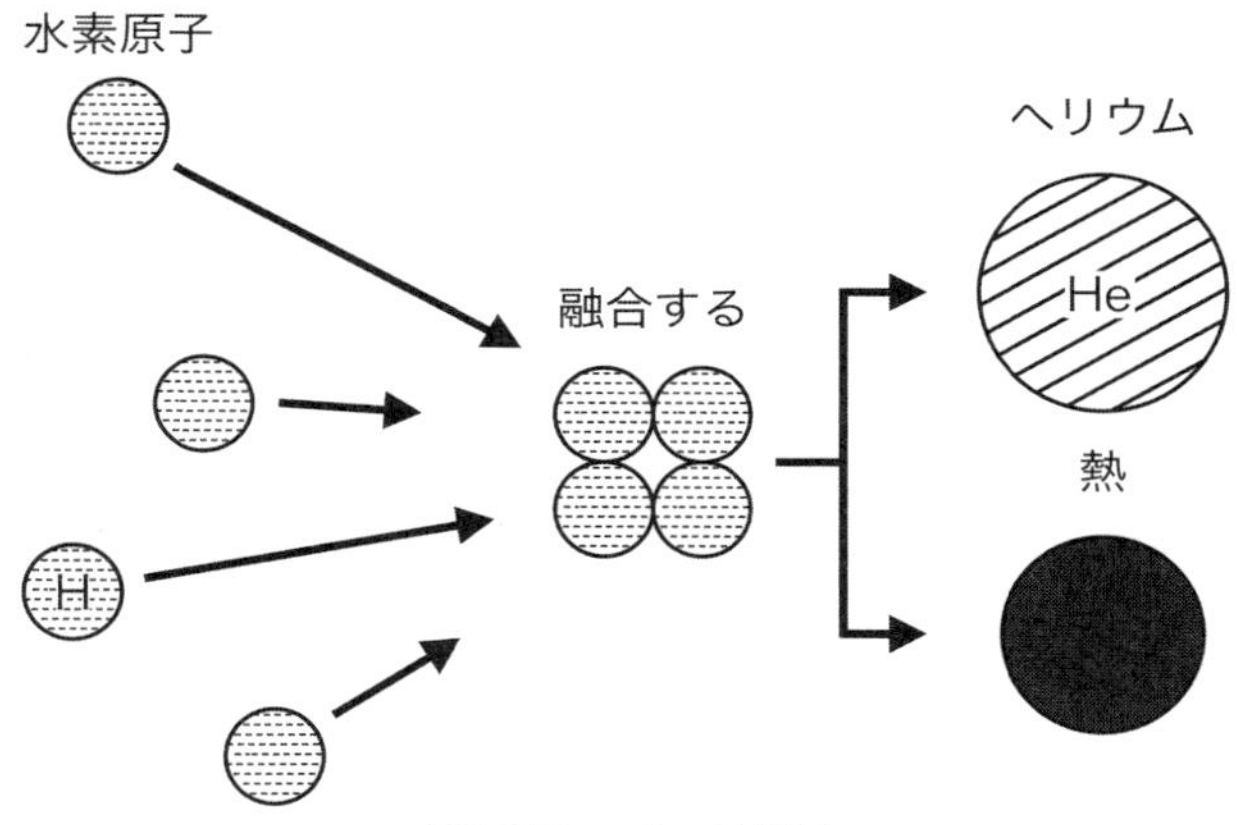

太陽で起こっている核融合

ヘリウム原子1個がつくられる核融合反応が起こっています。ヘリウム原子1個の質量は、水素原子4個分の質量より0・7パーセントほど軽く、この失われた質量がエネルギーに変換されて、太陽のエネルギーのもとになっています。

地球の大気圏外で、太陽に対して垂直な1平方センチの面が1分間に受け取るエネルギーは、約8ジュール（約2カロリー）です。地球全体では、1.02×10^{19}ジュールという莫大なエネルギーを太陽から受け取っています。それでも、地球にとどく太陽エネルギーは、太陽が宇宙空間に放出している全エネルギー量のわずか20億分の1にすぎません。

現在、「地上の太陽」といわれる核融合反

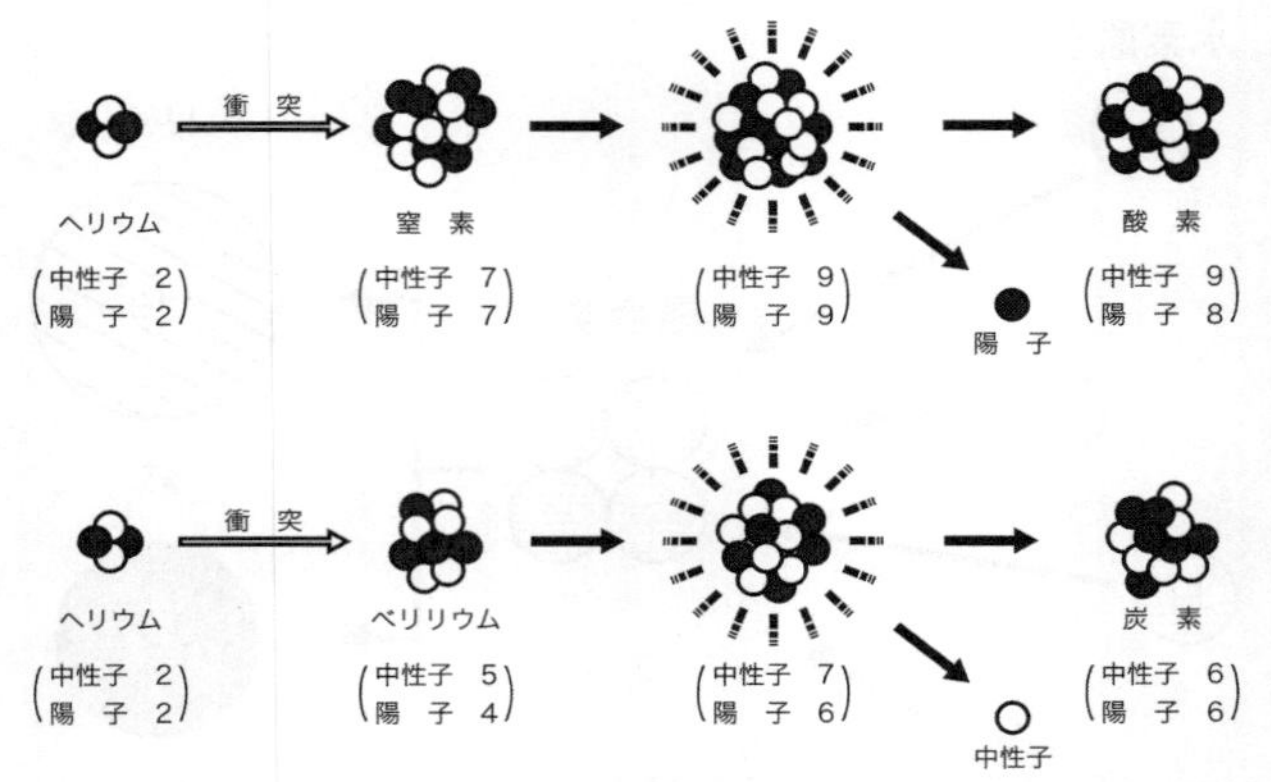

アルファ線による窒素原子核の酸素原子核、ヘリウム原子核の炭素原子核への変換

応に基づく熱エネルギーで発電する核融合炉が研究されています。効率よくプラズマで閉じ込めることが課題です。

なお、水素爆弾（水爆）は、重水素や三重水素（トリチウム）の核融合反応を利用した核兵器です。

†人工元素をつくる試み

ふつうの化学変化では、原子はほかの原子と結びついたりして、その組み合わせが変わりますが、原子核そのものがほかの原子核に変わることはありません。

ところが、放射性物質から放射線が出てくることを追究したイギリスのアーネスト・ラザフォードらは、1902年に「不安定なウラン原子核は放射線を出して自然に別の原子核に壊れ、その原子核も放射線を出しながら他のものに変わっていく」という考えを示しました。原子核が崩壊するという理論です。

1919年に、ラザフォードはアルファ線を窒素原子核に衝突させ、酸素原子核に変換することに成功しました。アルファ線が窒素原子核に衝突することで、ヘリウム原子核が窒素原子核に吸収され、陽子がはじき出されたためでした。

ラザフォードの実験により、原子核に中性子やアルファ線などをぶつけると、ほかの原子核に変わることがあり、このことを利用して人工的に原子核の変換を起こせることがわかりました。このときできた酸素原子核は、天然にほとんどを占める陽子8個、中性子8個の酸素原子核ではないのですが、天然にも微量含まれている放射性を持たない同位体です。

人工元素には放射能を持つものがあります。たとえば、コバルト59に中性子をぶつけると、コバルト60になります。コバルト59は、放射能を持たないのですが、コバルト60は放射性核種でガンマ線を出し、がん治療など医療用などに用いられています。

天然に存在する元素は原子番号92番のウランまでですが、それ以降の原子番号の元素も元素周期表に載っています。原子番号93番以降の元素は、原子核にアルファ粒子、陽子、重水素、中性子などをぶつけて、異なった原子核（超ウラン原子核）をつくり出したもので、すべて放射性です。

原子番号43番のテクネチウムも、人工的に合成された元素です。

1930年代、カリフォルニア大学の加速器（電子や陽子などの粒子を光の速度近くまで加速して高いエネルギーの状態をつくり出す装置）で、水素の原子核に中性子が加わった重水素をモリブデンに照射する実験が行われました。原子番号42のモリブデンには陽子が42個あります。モリブデンの原子核が陽子を1個取り込めば、陽子が43個ある原子番号43の未知の物質がつくれるはずだと考えられたのです。そして、1937年、ついに、原子番号43の元素がつくり出されました。この元素は、人工的につくられた最初の元素ということで、ギリシア語の「人工」の意味から、テクネチウムと名付けられました。

これ以降、加速器を使った元素はたくさんつくられるようになりました。現在でも新しい元素の合成が続いています。

†新元素「ニホニウム」

新元素はIUPAC（国際純正・応用化学連合）で存在が認定されると、発見者に命名権

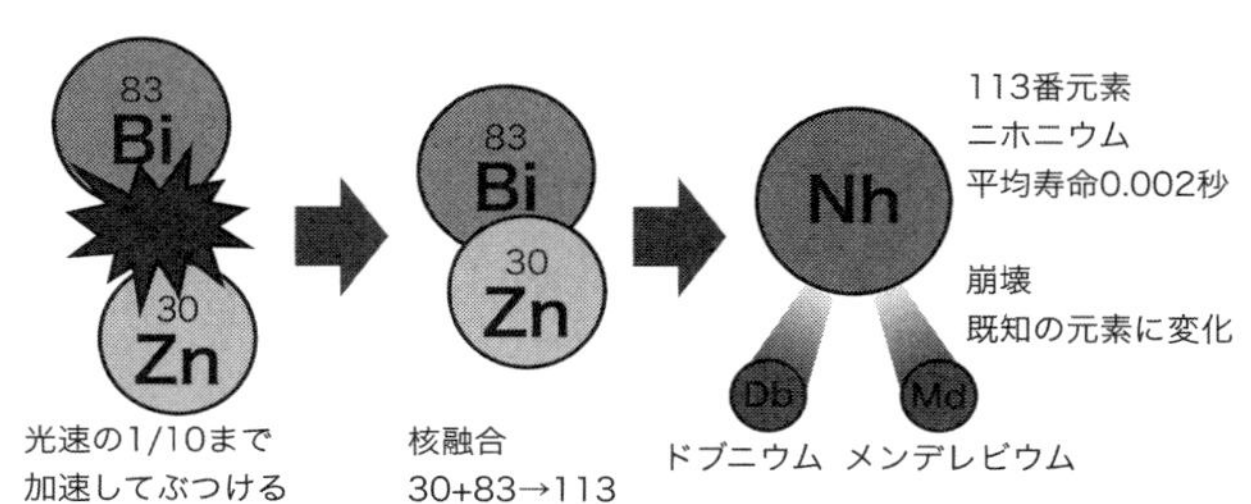

亜鉛とビスマスの核融合で113番元素「ニホニウム」を合成

が与えられます。現在、原子番号118までの元素に名前がついています。原子番号113「ニホニウム」は、日本の理化学研究所のグループが発見した元素です。

最初に合成されたのは、2004年のことでした。亜鉛（原子番号30、陽子数30個）の原子核と、ビスマス（原子番号83、陽子数83個）の原子核を衝突させ、お互いの原子核を融合させれば、30＋83＝113番元素が、計算上はできあがります。

難しいのは原子核の大きさが1兆分の1センチメートルと余りにも小さくほとんど衝突しないこと、たとえ衝突したとしても原子核が融合する確率が100兆分の1と大変小さいことです。ビスマスを的にして、大量の亜鉛原子核を猛スピードで当て続けるしかありません。2003年9月に実験を開始し、夜に日をついで、加速器で光の速さの10パーセントにまで上げた亜鉛ビームを当て続け、翌年の2004年7月

23日に、やっと1個、113番元素の合成が確認されたのでした。確認とは、たった1個の113番元素が、アルファ線を出しながら別の元素に崩壊していくのを追跡したということです。翌年2005年4月2日に2つ目を確認しました。

こうして2個の113番元素を合成・発見したことで、理化学研究所のグループは、113番元素発見の優先権を主張しましたが、すぐには認定されませんでした。ロシアとアメリカの合同チームが7か月早く113番元素を発見したと主張していたからです。115番元素を人工合成し、その崩壊の過程で113番元素を確認したと主張していました。

理化学研究所のグループは、さらに決定的な証拠をつかもうと実験を続けて、2012年8月12日には3個目を発見、しかも前とは違う新しい崩壊の過程を確認しました。寿命は約1000分の2秒と短く、またたく間に他の元素へと壊変してしまいました。ともあれ、10年近い年月をかけ、113番元素の3個の原子が合成・発見されました。

理化学研究所の研究チームは113番元素そのものをつくり出し、それが既知の元素へと崩壊する過程を詳細に捉えていたことで、2015年12月に元素の命名権が認定され、ニホニウムと命名されたのです。

†現代の錬金術

原子核の変換は現代の錬金術と言えるでしょう。

かつての錬金術が失敗したのは、原子核内の結合力（核力）と、化学変化で起こる原子の組み替えの結合力とに大きな違いがあったからです。原子核内の結合力は化学的な結合力の約100万倍も強いので、その変換にともなって出入りするエネルギーも約100万倍大きいことになります。だから化学変化ごときでは、原子核はびくともしません。原子核が変換されなければ、別の元素になりません。

日本では大正期、長岡半太郎による「水銀還金実験」が錬金術として報道され、大きな注目を集めたことがあります。長岡は、1924年の『ネイチャー』誌の論文で、水銀還金の理論的可能性を予告していました。水銀は陽子80個、金は陽子79個だから、陽子1個を除去すれば金が得られるという理論です。長岡は同年秋に公開実験を含む報告会を行い、水銀の「核を攪乱」して金を発見したと発表し、当時の新聞（時事新報、1924年9月21日）に大きく報道されました。

「顕微鏡下の水銀に燦爛たる純金の粒／歓喜に慄えて居る長岡博士／昨日理研で結果を発

表した」

しかし、その後10年研究は続けられ成果はなかったにもかかわらず、当人は誤りを認めませんでした。科学界の超大物の長岡を批判する科学者は、科学ジャーナリストに転身していた石原純をのぞいて皆無で、この過ちは訂正されることなく流布し続けられました。発表当時、発足間もなかった理化学研究所は水銀換金を大々的に宣伝します。当時の大河内正敏所長はこの研究の工業化の必要まで説きました。これは理研の研究費獲得や存在意義のアピールを狙ったものと言われています（『科学朝日』編『スキャンダルの科学史』朝日選書）。

長岡の水銀換金の実験は失敗でも、理論は正しかったことが今ならわかります。実際、人類はその後、原子核を変換させて、次々と人工元素をつくってきました。

では、現代の技術なら、水銀から金をつくれるでしょうか。

東京都市大学教授の高木直行と講師の竹澤宏樹は、中性子による核反応が生じている原子炉を活用することで、水銀から金をつくるプロジェクトを立ち上げています。

水銀原子Hgの7種の同位体の中で^{196}Hgは、中性子の数が116個ともっとも少なく、いわば「中性子欠乏状態」にあります。こうした中性子不足の原子核は、飛んできた中性子を吸収する確率が高くなるので、^{196}Hgに中性子が当たると高い確率で^{197}Hgとなり、その^{197}Hgは速やかに崩壊して金（^{197}Au）になるというのが、その原理です。

また、^{196}Hgは水銀全体の0・15パーセントしか存在しないので、たとえば1リットルの水銀（約13・6キログラム）を大型商用原子炉に装荷すると、1年間の連続照射で10グラム程度の金が得られるとのコンピュータの解析結果が示されています。（https://academist-cf.com/projects/72）

つまり、原理的には可能ですが、得られる金の値段と比べて莫大な経費がかかるということです。とは言え、このプロジェクトには、大きな目的があります。それは、資源小国日本にとって元素戦略は国家の基盤をも左右する重要な問題であり、原子炉錬金術が実現可能であることをデモンストレーションし世に示すということです。その象徴がゴールドで、まさしく現代の錬金術と言えるでしょう。

第八章

ノーベル賞級の現代日本の化学技術

最後に日本発の光触媒、カーボンナノチューブ、ネオジム磁石、リチウムイオン二次電池について触れておきます。いずれも発見者、発明者はノーベル賞の候補にあがっています。

そこで、まずダイナマイトとノーベルとノーベル賞について知っておきましょう。

†ダイナマイトとノーベル

毎年ノーベルの命日である12月10日に、ストックホルムとオスロ（平和賞）で、ノーベル賞の受賞式が行われます。ノーベル賞は、ノーベルがダイナマイトの発明と油田開発で巨万の富を築き、遺産を利用して「過去1年間で人類に対し最も貢献した人物」に賞を与えるよう遺言したことに基づきます。

ノーベル財団（本部・ストックホルム）が設立され、1901年からノーベル賞の授与が始まりました。最初は「物理学」「化学」「医学・生理学」「文学」「平和」の5部門でスタートしました。

ノーベルは1833年スウェーデンに生まれ、1842年にはロシアのペテルブルク（現在のサンクトペテルブルク）に移り住みます。彼は、当時ヨーロッパで話題になっていたニトログリセリンをたくさんつくろうと、父や兄弟たちと一緒に、小さい爆薬の工場をつくりました。ニトログリセリンは無色透明の液状の物質で、叩いたり、熱を加えたりすると、ものすごい勢いで爆発します。その爆発力のあるため、運搬や保存が難しい物質でした。

私は高校化学の授業で、よくニトログリセリンをつくって爆発させる実験を見せていました。ほんの少量を合成するのですが、途中で爆発しないように氷水で冷やしながら反応させます。生徒にやらせず、筆者がやってみせます。ほんの少しでも、その爆発音と威力はすごいものです。

アルフレッド・ノーベル

彼の工場でも、たいへんな爆発事故がおこって、工場はもちろん、働いていた人たちも何人か死亡しました。犠牲者には末の弟もいました。父親もこの事故にショックを受け、まもなく世を去ります。彼は、残った兄弟たちと協力して、この爆薬を安全なものにしようと研究に打ち込みました。

まもなく、ニトログリセリンをケイソウ土にしみ込ませると安定性が増し、扱いやすくなることを発見しました。ケイソウ土というのは、海のなかで暮らす硬い二酸化ケイ素の殻を持った植物プランクトン「ケイソウ」の死骸が海底に積み重なってできた土です。私たちに馴染みのあるところでは、炭火を起こすのに使う七輪は、ケイソウ土でできています。そうしてダイナマイトが誕生しました。

発明家の彼は、ダイナマイト以外にも無煙火薬バリスタイトを開発し、軍用火薬として各国に売り込みました。世界各地に約15の爆薬工場を経営し、またロシアにおいてはバクー油田を開発して、巨万の富を築いたのです。

†ノーベル平和賞を遺言した真意？

自分の発明品が戦争に使われるという〝負い目〟を持っていたから、ノーベルは平和賞などの顕彰を遺言したと思っている人が多いことでしょう。ところが、彼の考えは、少し違いました。

まだ、ダイナマイトを発明する前のことですが、彼のところを訪れた平和運動家ズットナーに言った言葉があります。

「永遠に戦争が起きないようにするために、驚異的な抑止力を持った物質か機械を発明したいと思っています」「敵と味方が、たった1秒間で、完全に相手を破壊できるような時代が到来すれば……」「すべての文明国は、脅威のあまり戦争を放棄し、軍隊を解散させるだろう」

つまり、一瞬のうちにお互いを絶滅するような兵器をつくることができれば、恐怖のあまり戦争をおこそうという考えはなくなるだろう、と考えたのです。優秀な軍用火薬を開発し、各国の軍隊に売り込んだ背景には、彼のそういった考えがあったのかもしれません。

この考えはノーベル賞設置の遺言にある「国家間の友好関係を促進し、平和会議の設立や普及をつくし、軍備の廃止や縮小に最も大きな努力をした者」に授与、という平和賞の趣旨と矛盾するように思えます。

この趣旨の平和賞を思い立った時期には、ズットナーの戦争反対をテーマにした小説『武器を捨てよ！』が欧米で話題になっていました。その小説に感激して平和賞を思い立ったのでないかとも伝えられています。

†光触媒の発見とその応用

光触媒とは、光が当たると、自らは変化せずに有機物の化学反応を促進する物質のことです。特に酸化チタンが知られ、光を受けると数万度での燃焼に匹敵するような強力な酸化力が生じ、汚染物質や微生物を分解します。

藤嶋昭氏

1967年、東京大学大学院の修士課程で本多健一助教授（当時）の研究室にいた藤嶋昭さんは、勢いよく発生している気体に気づきました。水の中に酸化チタンと白金の電極2つを導線につないで入れ、酸化チタン電極に強い光（紫外線）を当てる実験中のことでした。採取した気体を分析してみると、水が分解されて発生した酸素でした。

さらに研究を進めた成果が、1972年に『ネイチャー』誌に発表され、世界を驚かせました。今では発見者の名を取って「本多・藤嶋効果」とよばれます。

太陽光と水だけで酸素が分離できるならば、安価に水素ガスが得られるため、第二次石油危機の1980年ごろには、光触媒で得られる水素は重要なエネルギー源になり得ると、とても期待されました。水素エネルギーでエネルギー問題を解決というわけです。しかし実際は、太陽光のうち紫外線のみを用いるので、水素を大量に生産する目的としては、思うような結果が出せませんでした。

次に、この発見は水だけではなく、さまざまな種類の有機物を分解できることがわかったので、１９９０年ごろには、その強い酸化力を活かした、有害物質の分解という用途が見つかりました。細菌やウィルスの不活性化、空気中のホルムアルデヒドや窒素酸化物をはじめとした有害物質の分解です。

さらに、もう一つ水となじみやすい超親水性の機能が利用されています。酸化チタンを10〜20ナノメートルという極小の粉末にして、いろいろな物質にコーティングすると、粒が非常に小さいので透明コーティングになります。これに太陽光が当たれば強い酸化力が働き、光触媒として働きます。

また、酸化チタンに紫外線を当てると、非常に水になじみやすくなります。表面に垂らした少量の水滴が全面をごく薄く均一に覆うように広がるのです。

このため酸化力だけでは分解できなかった大きな油汚れも、水をかけるだけで浮き上がってしまい、流し落とせるようになります。

こうして現在では、壁などの清浄化、浴室の曇り止めに利用されています。酸化チタンの分解・除去のプロセスを「セルフクリーニング」といい、タイルや窓ガラス、壁など以

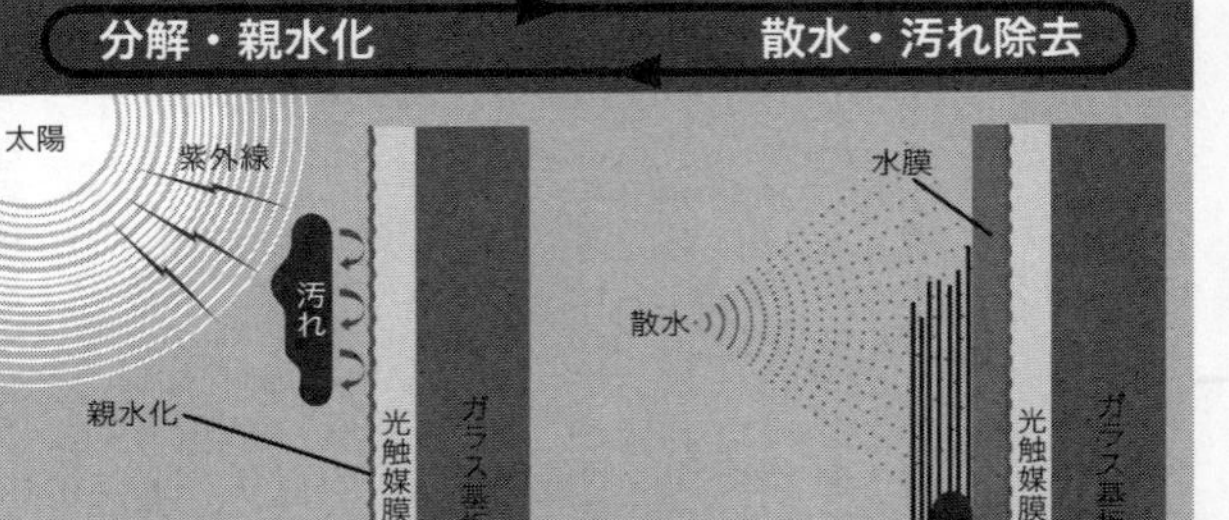

光触媒効果のしくみ　窓ガラス表面の汚れは、光触媒膜が有機物を分解する原理で付着力が減少し、さらにガラスの表面が親水化するため、雨水で汚れが流れやすくなる（沖ガラス株式会社ホームページを参考に作画）

外にもカーブミラーやテント膜材等、広範囲で利用されています。

なおかつては、酸化チタン光触媒は屋外など強い紫外線の当たる場所でしか、その性能が発揮できませんでした。可視光線も利用できれば応用範囲はぐんと広がります。現在では、酸化チタンの表面に、鉄あるいは銅イオンから成る「助触媒」を付着させることで可視光線でも有機物を分解できるようになっています。つまり、紫外線を含まない蛍光灯やＬＥＤ照明でも使えるようになったので、室内の揮発性有機物やアレルゲンの除去、壁紙や床材、空気清浄機などへの応用が可能です。

†フラーレンとカーボンナノチューブの発見

炭素の同素体（同じ元素で構成されるが、化学的・物理的性質が異なる関係）といったら無定形炭素、黒鉛、ダイヤモンドの3つというのが、これまでの研究成果でした。「炭素は、ありふれた元素で、もう調べつくして他には同素体はない」というのが通説でした。

ところがひょんなことから、1985年に新しい分子が見つかります。それが、60個の炭素原子が12個の五角形と20個の六角形をつくり、全体がサッカーボールそっくりの美しい球になっている分子「フラーレン（C_{60}）」でした。英国サセックス大学教授のハロルド・クロトー、米国ライス大学教授のリチャード・スモーリー、同大教授ロバート・カールの3氏によって発見されました。フラーレン発見者の3名には1996年のノーベル化学賞が与えられています。

実は、この分子、発見される15年前にわが国の大澤映二博士によって理論的にその存在が予言されていたものでした。その形状が建築家バックミンスター・フラーの設計したドームに似ていることからバックミンスターフラーレンとも呼ばれています。

その後C_{60}以外にもさらに、C_{70}、C_{76}、C_{78}、C_{84}など、炭素数の大きい分子も見つかっ

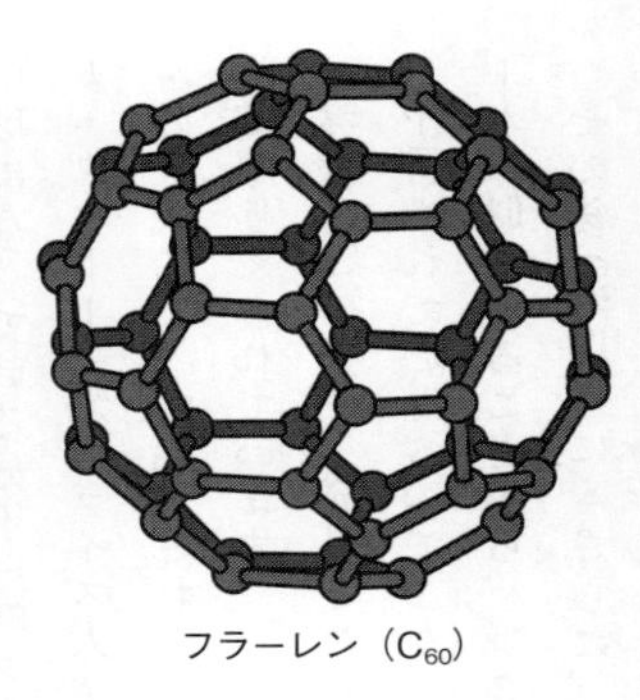

フラーレン（C_{60}）

ていますが、総称してフラーレンと呼ばれるようになりました。

炭素の同素体には球状だけではなく筒状のものもあることがわかりました。それがカーボンナノチューブです。このカーボンナノチューブもフラーレンの仲間に入れることがあります。「カーボン＝炭素」「ナノ＝ナノメートル」「チューブ＝円筒」と3つの言葉を合わせた名称です。その名のとおり、炭素原子が網目のように結びついて筒状になったもので、直径はナノメートル単位ととても細く、人の髪の毛の5万分の1の太さです。

1990年には、フラーレンC_{60}を大量に合成する方法が見つかりました。炭素電極をアーク放電によって蒸発させると、陽極側にたまった「すす」にC_{60}が大量に含まれていたのです。90年代初頭の科学界は、フラーレン・ブームに沸きました。そんなとき、世界でたった一人だけ「陰極側」のすすを観察していた人物がいました。NEC基礎研究所の飯島澄男主席研究員（当時。現在名城大学終身教授、NEC特別主席研究員）でした。陰極を

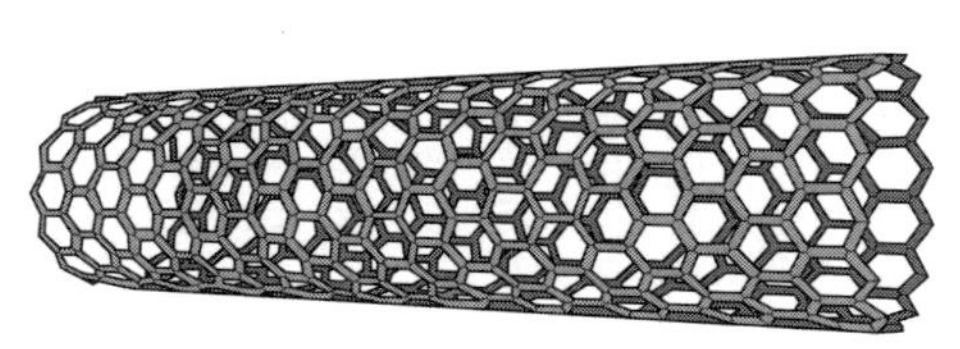

カーボンナノチューブ

はがして電子顕微鏡で見たら、なんとそこに、フラーレンのような球状ではなく、多くの針状の結晶の姿が写っていたのです。1991年、こうしてカーボンナノチューブが発見されました。飯島さんは、カーボンナノチューブの発見と電子顕微鏡による構造決定の仕事で、世界的に有名になりました。

カーボンナノチューブは、炭素原子どうしが非常に強く結びついていてとても軽くて丈夫で、薬品とも反応せず安定です。炭素は通電しませんが層状であるグラファイト（黒鉛。電気分解や乾電池の電極などに使用）が電気を通すように、カーボンナノチューブも電気を通すものがあります。巻き方によって電気伝導性が異なり、金属以上に電気を通すもの、半導体のような性質を示すものといろいろなものがあり、さまざまな興味深い性質を持つことが明らかになりました。また、飯島さんらのグループは、先が閉じたカーボンナノホーン（ホーンは角の意味）も発見しています。

カーボンナノチューブには、次のような性質があります。（株式会

社　名城ナノカーボンのサイト http://www.meijo-nano.com/applications/properties.html より）

・超微細／軽量：ナノサイズ／アルミ半分の重さ
・高機械的強度：鋼鉄の約100倍
・高導電性：銅の約1000倍、銀よりも高い
・高熱伝導性：銅の約10倍、ダイヤモンドより高い
・高融点：3000度以上（無酸素状態）
・柔軟性：非常に柔軟で、曲げ伸ばしにも強い
・化学安定性：薬品反応にも安定
・温度安定性：温度変化にも安定
・高腐食性：耐食性に優れている
・高摺動性：摺動性に優れている

†カーボンナノチューブの可能性

2015年、飯島さんは欧州特許庁（本部、ドイツ・ミュンヘン）が社会的発展や経済成長に貢献した発明家に贈る「欧州発明家賞」の非欧州部門を受賞しました。その理由は、

「宇宙エレベーターやナノ粒子を用いた治療が実現でき、航空宇宙技術や生物医学に大変革をもたらす可能性がある」ということでした。

宇宙エレベーターとは、地球を回る静止衛星（赤道上の高度約3万6000キロメートルを回る人工衛星）から、地球に向けた方向とその反対方向へケーブルを延ばして、やがて地上に到達したケーブルにはエレベーターを取りつけ、人や物資を輸送できるようにしたものが想定されています。カーボンナノチューブの繊維を編み上げたケーブルを使おうというのです。カーボンナノチューブが発見されてから、宇宙エレベーターは単なる夢物語から実現可能性があるものに変わりました。

ナノ粒子を用いた治療とは、たとえば、がん患者にカーボンナノホーンの筒の中に抗がん剤を閉じ込めたものを投与すると、がん細胞がカーボンナノホーンを取り込み、がん細胞に抗がん剤を直接少しずつ放出できるというものです。

カーボンナノチューブは、大きな可能性を秘めた素材として、フラーレン以上の注目を集めています。

†ネオジム磁石の発見

戦前、それまでの磁石性能をはるかにしのいで世界をおどろかせた磁石が、東京理科大学の初代学長なども務めた本多光太郎によって発明されました。KS鋼です。1931年には、東京帝国大学の三島徳七がKS鋼をしのぐMK鋼を発明しました。これは、本多らの新KS鋼とともに、後のアルニコ磁石の源流となりました。

同じころ、東京工業大学電気化学科主任教授の加藤与五郎と武井武が、今日のフェライト磁石のもとになったOP磁石を発明しました。OP磁石は、それまでの何種かの金属の合金とは違って、鉄・コバルト混合酸化物を材料としていました。金属の酸化物でも強い磁石になるということで、今日多量に生産されているフェライト磁石への道を開いたのでした。

しかし、磁石王国日本に陰りが見えたことが起こりました。欧米において、サマリウム・コバルト磁石という、もうこれ以上高性能な磁石は出てこないのではないかと思われたほどの磁石が研究・開発されたからです。

時代は「軽薄短小」志向でした。サマリウム・コバルト磁石は、価格が高くとも、超小型で必要な磁界が得られるというのは非常なメリットでした。小型の電子機器はこの磁石無しにはありえませんでした。サマリウム・コバルト磁石は、小型のモーター、発電機、腕時計用、音響装置用など広い用途に使われました。

しかしさすがに磁石王国日本です。1984年、サマリウム・コバルト磁石を超える高性能磁石が発明されました。それが「ネオジム磁石」です。

ネオジム磁石は今でも市販磁石の中で世界最高の性能を誇っています。成分に鉄もふくむので錆びやすいのですが、表面にニッケルメッキをすることで錆びるのを防ぐなど改良も進められています。

周期表のなかに希土類元素（レア・アース）という一群があります。ランタン・セリウム・サマリウムなど17の金属です。古くは産出量が少ないので「希（まれ）」という字が用いられましたが、地殻中の存在度は，水銀や銀などよりも高い元素もあります。サマリウム・コバルト磁石も希土類のサマリウムをふくんでいるので希土類磁石とよばれます。ネオジム磁石のネオジムも希土類の仲間ですから希土類磁石です。

ネオジム磁石は、ネオジム・鉄・ホウ素という3つの元素からなる磁石です。サマリウム・コバルト磁石のサマリウムよりネオジムのほうが地殻にたくさんあります。コバルトに比べて、鉄やホウ素は地殻にたくさんある元素で、値段もずっと安いです。また、ネオジム磁石は、サマリウム・コバルト磁石と比べて密度が小さく、機械的強度は約2倍あります。密度が小さいので装置の軽量化に役立ちます。また、機械的強度が大きいということは、加工作業・組立作業中の磁石の取り扱いが容易だということです。

ネオジム磁石によりモーター、発電機、スピーカーなどを小型化、高性能化できます。ですから、ハードディスク・DVD用モーター、小型スピーカー、時計、携帯電話、自動車、ハイブリッドカー、電気自動車、精密工作機械、各種ロボット、磁気センサー、医療機器など幅広い用途があります。たとえば、携帯電話に入っている超小型振動モーターには、みなネオジム磁石が使われています。

ネオジム磁石は1982年5月に、当時の住友特殊金属（現在・日立金属）の実験室で、佐川眞人さんによって開発されました。

佐川さんは、大学院を終えると富士通研究所でサマリウム・コバルト磁石の研究開発をしていましたが、その間に鉄を使った磁石の着想を得ます。当時は強力な磁石はコバルトと希土類の組み合わせで考えられていて、鉄を使うという発想がありませんでした。鉄では原子間距離が近すぎて駄目だとされていましたが、サマリウムと鉄に、原子半径の小さなホウ素を加えることで鉄の原子間距離を広げられないかと考えました。

休日や土日は磁石の研究を続けました。希土類もいろいろ試してサマリウムよりもネオジムがよいという結果を得ました。しかし、磁石の研究は会社に認められず、「富士通らしい研究をしなさい」といわれ、上司に大声で怒鳴られたことがきっかけで退職し、住友特殊金属に移ります。ここで富士通研究所時代から考えてきた鉄とネオジム、それとホウ素からネオジム磁石を開発したのです。

あとで調べてみると、鉄の原子間距離は広がっていませんでした。鉄とホウ素が化学変化を起こしてコバルトと同じような性質になっていたのです。

しかし、開発したネオジム磁石は、温度が50度以上になると磁力が低下する欠点がありました。ハードディスクや医療用のＭＲＩ（磁気共鳴画像装置）ではあまり耐熱性が必要ありませんが、ハイブリッドカーのモーターでは２００度に耐えることが必要です。ネオジムの一部を希土類のジスプロシウムに置き換えると耐えられる温度が格段に上がりました。

しかし、ジスプロシウムは、自然界にネオジムの10分の1しかなく、しかもその鉱石は中国南部でしか採れません。いつ中国が輸出停止にするかわかりません。実際、ジスプロシウムは2010年に尖閣諸島の帰属問題で中国が日本への輸出を停止しました。

佐川さんは5年半在籍した住友特殊金属を辞め、インターメタリックスという会社を起業しました。その会社で取り組んである程度成功したのが、ジスプロシウムを使わないで耐熱性を持つネオジム磁石の開発でした。今もその研究開発は進められています。

佐川さんが起業したインターメタリックス、ネオジム磁石の量産のために三菱商事、大同特殊鋼、米モリコープの3社が出資した磁石製造会社のインターメタリックスジャパンは共に2016年10月に大同特殊鋼の全額出資になり、佐川さんは顧問に迎えられています。

†リチウムイオン二次電池の発明

電池には、化学電池と物理電池があります。化学電池は、化学反応のエネルギーを電気エネルギーに変える装置です。マンガン乾電池、アルカリ乾電池、鉛蓄電池、リチウムイオン蓄電池などがあります。

物理電池の代表は太陽電池です。半導体を使って太陽光のエネルギーを電気エネルギーに変えています。

乾電池などのように一度使ったらそれ以上使えないものを一次電池、何度も充電できてくり返し使用できるものを二次電池、または充電池、蓄電池といいます。従来、鉛蓄電池（1859年、フランスのプランテが開発）、ニッケル・カドミウム（ニッカド）二次電池（1899年発明）などが一般的な二次電池でした。

リチウムイオン二次電池は、日本で開発された電池です。その開発者などは、リチウムイオン二次電池の正極材料を開発した東芝の水島公一氏（現・東芝リサーチ・コンサルティング、シニアフェロー）、この成果を生かし同電池の原型をつくった旭化成の吉野彰名誉フェロー、世界に先駆けて実用化したソニーの元業務執行役員・西美緒氏です。

吉野彰さんがリチウムイオン二次電池の研究に着手したのは1980年代前半。あらゆる素材を対象にして相性・性能を精査する試行錯誤を続け、現在のプロトタイプ（試作品）の完成にこぎ着けたのは1985年でした。そこから、実証実験を繰り返して改良を重ねました。

ちょうど携帯電話やノートパソコンの普及とリチウムイオン二次電池の小型で高性能で携帯性抜群なところがよくマッチして世界中に普及していきました。

リチウムイオン二次電池が高性能なのは、リチウムが非常に陽イオンになりやすい物質

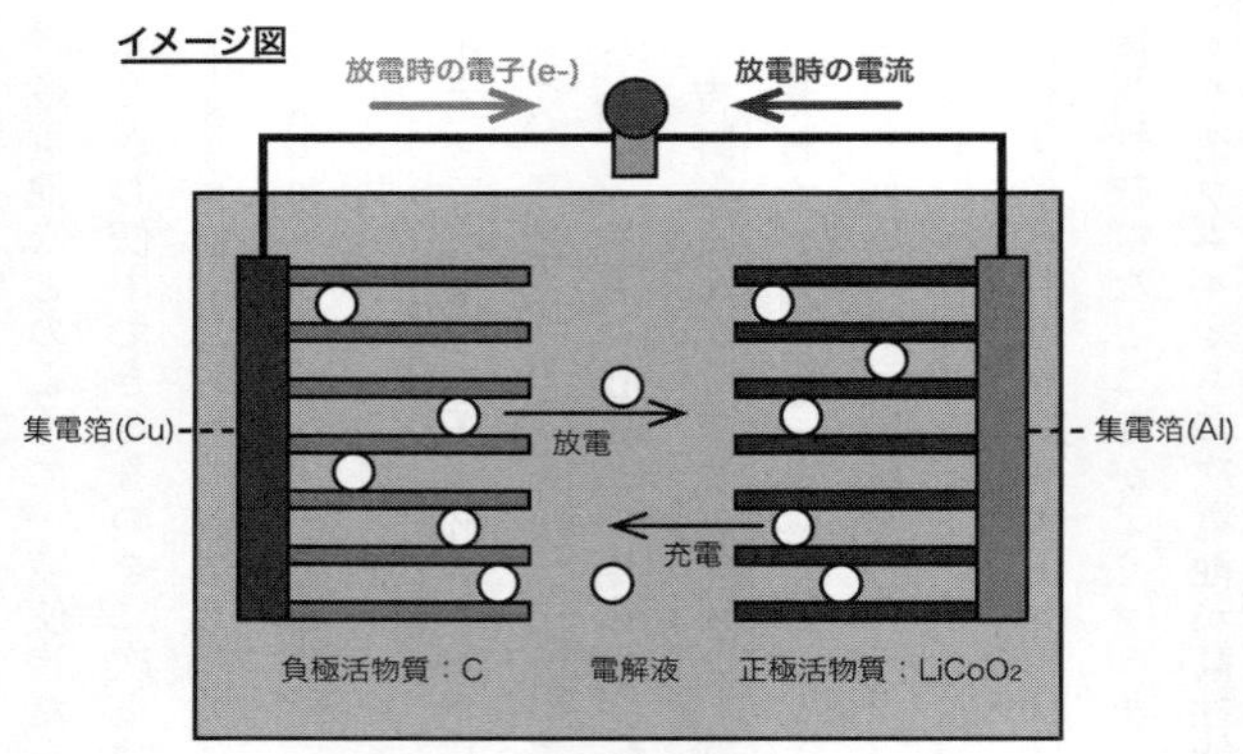

リチウムイオン電池の原理のイメージ図
（参考：kenkou888.com/category18/rekka.html）

であること、つまり非常に電子を放出しやすい物質であることに起因しています。

リチウムイオン二次電池の内部は、リチウムイオンを貯蔵する負極とリチウムと反応して電子の受け渡しをする正極に分かれており、充放電の際にリチウムイオンが電解液を介して正極〜負極間をせわしなく動きまわることで充放電が行われます。

リチウムは水と非常に反応しやすいので電解液に水溶液を使えません。そこで、危険性のある金属リチウムを生じさせないような工夫をしたり、水溶液ではなくエチレン系の有機溶媒を使っています。

リチウムイオン二次電池は、過充電、ショートさせたり異常放電や異常充電、過加熱などを行うと燃えたり爆発することがあります。そこで高度な制御機構が組み込まれて燃えたり爆発することを防いでいます。

リチウムイオン二次電池は、カドミウムなどの有害物質を含まず、軽くて携帯性がよく、高出力で大容量という特徴を持っているので、携帯電話、スマホ、パソコン、タブレットなど、小型で大量の電力を消費するような端末には必ずと言っていいほど使われています。最近では電気自動車への搭載も進んでいます。

おわりに

私は、理科教育の専門家の一人として、理科教育を土台に、市民への科学コミュニケーション活動も行ってきました。

理科教育の実践や研究を志したきっかけがあります。

私が20代半ばの大学院生のとき、所属していた物理化学講座で触媒化学の実験をしながら化学教育や化学史にも興味を持っていました。化学教育のサークルで知り合った化学史家の故田中実先生（当時和光大学教授）に、「化学史の研究会をやるから参加しなさい」と言われました。その研究会は、田中先生の自宅でラボアジェの『化学の基本の講義——新しい系統で述べられ、最近の発見に基づく』がパリで出版されると、すぐに出たその英訳版を読むというものでした。参加者は田中先生と内田正夫さん（当時和光大学助手）と私の3人。アルバイトや大学院の講義や実験の合間に準備して参加したのですが、古い英語で訳しにくく、なかなか大変だったです。何回か参加していたら、田中先生に「君は化学史をやるよりも化学教育をやりなさい」と言われてしまいました。

私は中学校教諭になって理科教育の実践と研究に集中するようになりました。当時、理科教育の研究会に参加すると田中先生に出会いました。科学史・化学史は趣味として学習していましたので、少しでも田中先生と科学史・化学史のことをおしゃべりできると嬉しかったものです。その後、中・高等学校教諭、大学教授となっても、科学史・化学史への興味は持ち続けていました。

今回、本書を書くにあたって、子ども向けから大人向けまで幅広い田中先生の著書は大いに参考になりました。また、やはり大いに参考にしたレスター『化学と人間の歴史』(朝倉書店)は、訳者2人のうちの1人は内田正夫さんでした。

理科教育・化学教育の専門家ですが科学史・化学史は専門でない者が書いた本書が、少しでも読者に「おもしろかった!」と思われることを期待しています。

参考文献

ジョエル・レヴィー著／今里崇之訳／左巻健男監修『大人のためのやり直し講座　化学　錬金術から周期律の発見まで』創元社、２０１４年
山崎俊雄・大沼正則・菊池俊彦・木本忠昭・道家達将共編『科学技術史概論』オーム社、１９７８年
田中実『原子論の誕生・追放・復活』新日本文庫、１９７７年
田中実『原子の発見（ちくま少年図書館 43）』筑摩書房、１９７９年
田中実『科学の歩み――物質の探求』ポプラ社、１９７４年
H・M・レスター著／大沼正則監訳／肱岡義人・内田正夫訳『化学と人間の歴史』朝倉書店、１９８１年
三井澄雄『化学をつくった人びと』国土社、１９８３年
板倉聖宣編著『原子・分子の発明発見物語――デモクリトスから素粒子まで』国土社、１９８３年
板倉聖宣『科学者伝記小事典　科学の基礎をきずいた人びと』仮説社、２０００年
道家達将・大沼正則・藤村淳・菊池俊彦『二十世紀科学の源流』NHKブックス、１９６８年
岩城正夫『原始時代の火　復原しながら推理する』新生出版、１９７７年
アンドレーア・アロマティコ著／後藤淳一訳／種村季弘監修『錬金術』創元社、１９９７年
吉村正和『図説　錬金術』河出書房新社、２０１２年
B・J・T・ドッブズ著／大谷隆昶訳『錬金術師ニュートン』みすず書房、２０００年
河合信和『ヒトの進化　七〇〇万年史』ちくま新書、２０１０年
左巻健男『面白くて眠れなくなる人類進化』PHP研究所、２０１６年

左巻健男『面白くて眠れなくなる化学』ＰＨＰ研究所、２０１２年
左巻健男『面白くて眠れなくなる元素』ＰＨＰ研究所、２０１６年
左巻健男監修『系統的に学ぶ　中学物理』（新訂版5刷）文理、２０１７年
ラボアジェ著／田中豊助・原田紀子共訳『化学のはじめ（古典化学シリーズ4）』内田老鶴圃新社、１９７３年

ちくま新書
1389

中学生にもわかる化学史

二〇一九年二月一〇日　第一刷発行

著者　左巻健男（さまき・たけお）
発行者　喜入冬子
発行所　株式会社　筑摩書房
東京都台東区蔵前二-五-三　郵便番号一一一-八七五五
電話番号〇三-五六八七-二六〇一（代表）
装幀者　間村俊一
印刷・製本　株式会社　精興社

ISBN978-4-480-07203-0 C0243

ちくま新書

879 ヒトの進化　七〇〇万年史　河合信和
画期的な化石の発見が相次ぎ、人類史はいま大幅な書き換えを迫られている。つい一万数千年前まで生きていた謎の小型人類など、最新の発掘成果と学説を解説する。

950 ざっくりわかる宇宙論　竹内薫
宇宙はどうはじまったのか？　宇宙は将来どうなるのか？　宇宙に果てはあるのか？　過去、今、未来を縦横無尽に行き来し、現代宇宙論をわかりやすく説き尽くす。

968 植物からの警告　湯浅浩史
いま、世界各地で生態系に大変化が生じている。植物と人間のいとなみの関わりを解説しながら、環境変動の実態を現場から報告する。ふしぎな植物のカラー写真満載。

986 科学の限界　池内了
原発事故、地震予知の失敗は科学の限界を露呈した。科学に何が可能で、何をすべきなのか。科学者の倫理を問い直し「人間を大切にする科学」への回帰を提唱する。

1022 現代オカルトの根源――霊性進化論の光と闇　大田俊寛
多様な奇想を展開する、現代オカルト。その根源には「霊性の進化」をめざす思想があった。19世紀の神智学から、オウム真理教・幸福の科学に至る系譜をたどる。

1133 理系社員のトリセツ　中田亨
文系と理系の間にある深い溝。これを解消しなければ、両者が一緒に働く職場はうまくまわらない。理系の意外な特徴や人材活用法を解説した文系も納得できる一冊。

1137 たたかう植物――仁義なき生存戦略　稲垣栄洋
じっと動かない植物の世界。しかしそこにあるのは穏やかな癒しなどではない！　昆虫と病原菌と人間の仁義なきバトルに大接近！　多様な生存戦略に迫る。

ちくま新書